따님에 대처하는
유능한 아빠양성

여자는 잘 몰라도, 딸에 관한한
누구보다 전문가이고픈 아빠들을 위해!

따님에 대처하는 유능한 아빠양성

여자는 잘 몰라도, 딸에 관한한
누구보다 전문가이고픈 아빠들을 위해!

초판 1쇄 펴낸 날 | 2020년 7월 10일

지은이 | 김정용
펴낸이 | 홍정우
펴낸곳 | 브레인스토어

책임편집 | 이슬기
편집진행 | 양은지
디자인 | 이유정
마케팅 | 김에너벨리

주소 | (04035) 서울특별시 마포구 양화로 7안길 31(서교동, 1층)
전화 | (02)3275-2915~7
팩스 | (02)3275-2918
이메일 | brainstore@chol.com
블로그 | https://blog.naver.com/brain_store
페이스북 | https://www.facebook.com/brainstorebooks
인스타그램 | https://www.instagram.com/brainstore_publishing

등록 | 2007년 11월 30일(제313-2007-000238호)

ⓒ 브레인스토어, 김정용, 2020
ISBN 979-11-88073-53-5 (03590)

이 도서의 국립중앙도서관 출판예정도서목록(CIP)은 서지정보유통지원시스템 홈페이지
(http://seoji.nl.go.kr)와 국가자료종합목록 구축시스템(http://kolis-net.nl.go.kr)에서 이용
하실 수 있습니다. (CIP제어번호 : CIP2020024971)

따님에 대처하는 유능한 아빠양성

여자는 잘 몰라도, 딸에 관한한
누구보다 전문가이고픈 아빠들을 위해!

김정용 지음

브레인스토어

나는 어쩌다 딸을 키우는
아빠가 되었는가

처음 만난 남자가 말했다. "맞벌이로 살다 보니까 제가 애를 키우게 됐죠. 아내가 저보다 돈을 많이 벌거든요. 그럼 저는 매일 아침마다 애를 차에 실어서 어린이집에 등원시켜요. 제 일을 하다 저녁 6시가 가까워지면 마음이 엄청 급해지죠. 헐레벌떡 아이를 데려와서 놀아주고 재우면 아내가 들어오죠. 그렇게 키웠어요."

이 말을 듣는 순간, 그는 '모르는 사람'에서 '육아 선배'가 되었다. 내가 육아하는 아빠가 된 이유도 똑같다. 나는 축구 전문 기자고, 아내는 방송국에서 일한다. 나도 직장인이지만 아내가 더 바쁘다. 결정적으로 아내는 야근수당과 휴일근무 수당이 나보다 착착 나온다. 자연스레 아내가 열심히 일하며 돈을 벌어오고, 나는 일찍 집에 들어가 아이를 키우는 구조가 되었다. 아내가 휴일을 몰아 쓸 때면 육아를 담당하기도 하고, 나까지 너무 바빠지면 장모님의 큰 도움을 받았기 때문에 내가 육아를 온전히 담당한 건 아니다. 아내가 육아휴직을 썼던 만 0세 시절을 제외하면, 내가 대충 절반 정도 아이를 키웠다고 할 수 있겠다.

딸 재인이의 우유를 사러 마트에 가면 '맘키즈 클럽'에 내 번호가 등록돼 있다. 녹색어머니회, 엄마와 함께 행복해지는 동화 전집 등등 어딜 가도 엄마가 등장한다. 육아는 여성의 몫이라는 걸 여전히 당연시하는 세상이다. 육아하는 아빠라고 해서 엄마들보다 힘든 점은 별로 없다. 다만 육아에 참여하는 아빠들에게 약간의 경험담을 들려주고, 그 의미를 고민해보는 건 내가 할 수 있는 일이라는 생각이 들었다. 그 생각을 모아보니 책 한 권이 나왔다.

당신이 육아를 '돕는' 아빠라면 한 가지를 당부하고 싶다. 아내가 육아하고 당신이 돕는 것이 아니라, 당신의 비중이 적더라도 '함께' 하는 것이다. 남자가 충분히 할 수 있는 일인데도 '이런 건 엄마가 하는 법'이라며 한발 물러서는 아빠들을 자주 본다. 그런 도움은 배우자를 복장 터지게 만들 뿐, 실질적으로는 기여하는 바가 거의 없다. 스스로 육아의 주체라고 생각하는 게 중요하다.

우리 인간은 육아를 여러 명이 분담했기 때문에 지금처럼 살 수 있게 된 것이다. 한 진화인류학 이론은 엄마 혼자 육아하지 않고 할머니나 남편이 육아를 분담했기 때문에 최초의 문명이 발생 가능했다고 본다. 그 원리는 간단하다. 문명이 발생하려면 인구가 늘어야 하고, 그러려면 출산의 간격이 짧아야 하는데, 아직 미성숙한 1~2세 영아를 키우는 상태에서 또 임신을 하려면 가족이 첫째를 키워줘야만 하기 때문이다. 우리는 마치 여성이 육아를 전담하는 가부장제 사회가 인류 역사를 지배해 온 것처럼 생각하지만, 더 거슬러 올라가면 가족이 다 함께 육아하는 게 필수적이었던 시절도 있었던 것이다.

생물학적으로 볼 때 육아는 엄마가 전담하는 게 옳다고 주장하는 사람들이 아직도 있다. 듣다 보면 궤변인 경우가 많다. 인간은 먹이사슬의 꼭대기에 있는 종 중에서 드물게 수컷이 새끼 곁에 머무르는 종이다. 짝짓기를 마친 수컷이 홀연히 떠나버리는 여러 포식자와 달리 인간의 수컷은 암컷 옆에 머무르며 가정을 꾸린다. 결혼을 하고 육아를 하면서 남성호르몬이 줄어든다는 점도 인간의 특징이다. "딸을 키우다 보니 눈물이 많아졌어."라는 말은 기분 탓에 하는 말이 아니다.

실제로 남성은 육아를 하는 과정에서 공감능력이 높은 존재로 변한다. 그러므로 아이를, 특히 딸을 키우는 건 남성들에게 있어 새로운 인간으로 거듭나게 해 주는 좋은 기회다. 당신이 딸을 보면서 느끼는 애틋한 감정은 몸과 마음에서 모두 우러난 진짜인 것이다.

본문 중에는 육아지식과 이론이 상당 부분 포함돼 있다. 검증된 내용과 내 개인적인 의견을 분명히 구분하려 노력했다. 지금은 전공과 상관없는 일을 하고 있지만, 대학 시절에 교육학을 이중 전공으로 배우고, 대안교육 관련 공부를 했던 것이 약간은 도움이 됐다. 여러 이론이 부딪칠 경우에는 최소한 잘못되지 않은 이론을 골라 담았다.

육아에 대한 책을 쓴다는 건, 역설적으로 육아를 멈춘 상태에서만 가능했다. 이 책에 집중하고 있을 때도, 교정지를 보는 지금도 김재인은 아내가 맡아 돌보고 있다. 반쪽짜리 육아의 기록일 수도 있지만, 오히려 그렇기 때문에 많은 맞벌이 부부들께 다가갈 수 있다면 좋겠다.

딸을 직접 키우는 건 아빠의 인생을 통틀어 가장 아름다운 시간으로 남을 가능성이 높다. 그 시기로 들어선 후배 아빠들과 몇 가지 이야기를 공유해보려 한다.

김정용

차례

CHAPTER 1

아빠와 딸의
24시간

딸 키우는 아빠의
평범한 하루

맞벌이하는 부부의 육아는 퇴근하는 순간부터 시작된다. 아침은 육아의 시작이 아니라 한복판이다. 저녁부터 이튿날 아침까지 아이와 붙어 있다가, 탁아시설에 아이를 맡기고 회사에서 일하는 동안에만 육아가 정지되기 때문이다. 그리고 퇴근길에 어린이집이나 유치원에서 아이를 찾아오면서 삶은 '육아 모드'로 돌아간다.

육아 스트레스는 퇴근길에 이미 시작되기 마련이다. 우리 아이가 다니는 어린이집은 아내 직장에 딸린 직장 어린이집이라 늦게까지 아이를 맡아주는 편이지만, 어린이집에서 저녁을 먹었을 경우라 해도 6시 30분이 넘으면 아이가 심심해한다는 걸 알 수 있다. 6시 정시 퇴근에 실패해 6시 15분 정도에 회사를 나서면, 이미 나는 자괴감에 빠진다. '김재인은 나를 원망하고 있을 것이다. 내가 6시 35분에 간다면, 아이는 5분 동안 나를 기다리느라 불행해 할 것이다' 사실 이 걱정은 망상이다. 실제로는 깔깔대며 놀다가 반갑게 날 맞아주는 김재인을 만나곤 한다. 그러나 10번에 1번 정도는 "아빠, 왜 이렇게 늦게 왔어? 기다렸잖아."라는 말을 하는데 그 10%의 확률 때문에 내 속은 타들어 간다.

하원하는 길에 어린이집 친구와 함께 나와서 한바탕 놀다 헤어지지 않는 한, 이제 둘만의 시간이다. 가끔은 집까지 가기 전에 마트에 들르게 된다. 늘 구비되어 있어야 하는 식재료들이 떨어졌을 때다. 몇 번 하다 보면 매뉴얼이 생긴다. 내가 한동안 고수한 매뉴얼은 우유, 치즈, 떠먹는 요구르트, 날로 먹거나 데쳐먹을 야채(파프리카, 오이, 브로콜리, 오이고추 중 택 2), 미역국용 미역과 된장국용 배추, 두부, 연어, 소고기 또는 돼지고기가 기본 구성이다. 집에 오자마자 냉장 상태의 고기를 김재인의 한 끼 식사 분량으로 소분해 얼려두고 매 끼니마다 하나씩 꺼내 구워준다. 아, 내가 늦게 일어났을 때를 대비한 유기농 시리얼도 필요하다. 신선식품 배달이 발달한 요즘에는 다음날 아침을 기약하며 휴대전화로 주문하면 되기 때문에 많이 간편해졌다. 그러나 귀가 후 아이와 놀아주다 보면 배달 가능 시간을 놓치기 일쑤라 방심하면 안 된다. 그리고 잊지 말아야 할 것. 제정신으로 아이를 돌보기 위한 커피 한 잔이 꼭 필요하다.

저녁밥을 만들어야 한다면 아빠 마음은 더욱 바빠진다. 최대한 빨리 밥을 먹이지 않으면 식사만으로도 저녁 시간이 다 지나버리기 쉽다. 음식을 준비하는 동안 아이가 놀아달라고 보채는 날이면 짜증도 난다. 저녁에 먹일 음식은 미리 준비되어 있어야 한다. 미리 끓여놓은 국을 데우거나, 미리 해동해 둔 고기를 재빨리 구워 다른 반찬과 함께 내는 것이다.

아이와 함께 집에 도착하자마자 정신 차릴 틈을 주지 말고 30분 정도 온 힘을 다해 놀아주라는 조언을 받은 적이 있다. 이때 아빠가 유리하다. 어린 여자아이를 몸으로 상대하는 건 그리 어려운 일이 아니다. 소파와 어린이용 책상 등을 오르내리며 동물 역할놀이를 하고, 함께 춤을 추고, 인형 먼저 집어오기 게임을 통해 달리기를 유도할 수 있다.

적당히 흥이 오른 것 같으면 아이를 통째로 침대에 집어던져서 흥을 최고조로 끌어올리는 것도 쉽다. 물구나무서기, 앞구르기, 아빠를 타고 한 바퀴 돌기는 어느 어린이나 좋아하는 아빠만의 '필살기'다.

그리고 차분한 활동(그림 그리기, 글씨 쓰기, 오리기 등)을 거쳐 잘 준비에 들어가게 되는데 목욕, 양치, 로션 바르기, 책 읽기 등의 과정을 통해 흥분을 가라앉히고 잘 준비를 유도한다. 재인이는 이때 충분한 독서를 허락해 주는 편이 나았다. 시간이 늦었다는 걸 강조하며 읽을 책을 제한한 적도 있다. 그러나 읽을 만큼 읽으며 스스로 졸음을 느낄 때까지 기다렸다가 불을 끄는 편이 오히려 쉽게 잠들었다. 스스로 글을 읽을 수 있게 된 뒤에는 머리를 말리며 직접 한 권, 그러고 나서 아빠가 두 권을 읽는 것이 패턴이었다.

재운 뒤에도 육아는 끝나지 않는다. 미처 정리하지 못한 것들을 치우고, 이튿날 아침을 준비해야 한다. 나는 이게 너무나도 귀찮아서 두어 시간씩 미루다가 자기 직전에야 정리하는 흉내만 내곤 한다. 여러분은 그러지 않길 바란다. 재우자마자 집을 치워야 훨씬 개운하다.

아이 곁에서 눈을 감았다가 뜨면 아침이다. 내 직장은 아침에 30분 정도 노트북으로 업무를 본 뒤 조금 늦게 출근하는 특이한 패턴을 갖

고 있는데, 아이보다 일찍 일어나 일도 하고 밥도 짓는 것이 도무지 적응되지 않는다. 보통은 늦게 일어나서 일도 허둥지둥, 아이를 먹이는 것도 허둥지둥하기 마련이다. 아침밥 역시 전날 저녁에 미리 계획해두는 것이 필수다. 제때 깨우고 먹이고 씻기고 입혔다면, 킥보드에 태워 어린이집으로 함께 달린다. 이로써 하루치 육아가 끝나고, 곧장 하루치 직장 생활이 시작된다.

그리고 주말은
차원이 다른 세계

어느 수요일, 김재인을 등원시키고 집에 돌아와 소파에 앉았다. 집에서 할 일 없이 혼자 있을 뿐이었는데, 그 감각이 낯설다는 사실에 깜짝 놀랐다. 창문으로 들어오는 햇빛을 보면서 혼자만의 시간을 가지는 것이 거의 4개월 만의 일이었다. 집에 있는 시간은 늘 육아를 하는 시간이었으니까. 특히 주말 풍경은 아이가 생기기 전과 완전히 딴판이다. 주말에 노는 건 아이와 함께 논다는 뜻이고, 주말에 가는 여행은 아이를 위한 여행이다. 주말에 늘어져 만화책을 보는 휴식도, 미뤄뒀던 대청소도 없다. 육아가 끊이지 않는 48시간이다.

아이와 내가 모두 즐거울 수 있는 주말을 위한 첫 번째 준비는 같이 놀 친구를 만드는 거라고 생각한다. 이틀 내내 엄마 아빠와 시간을 보내는 것보다는 또래 친구와 노는 편이 더 즐겁기 마련이다. 요즘에는 외동이 많고, 이웃의 개념이 희박하기 때문에 일부러 친구를 찾아야 한다. 아이들끼리 노는 동안 부모는 한발 떨어져 있을 수 있다. 이웃 간의 만남이라면 부모 중 한 쪽은 아이들 곁을 떠나 쉬거나 미뤄둔 일을 하는 것도 가능하다.

마찬가지로 친척과의 시간을 제공하는 건, 주말을 편하게 보내는 방법을 넘어 아이에게 긍정적인 경험을 제공할 때가 많다. 일단 자신을 사랑하는 존재가 이만큼 있다는 걸 느낄 수 있고, 핵가족을 넘어 좀 더 많은 인원으로 구성된 공동체를 체험할 수 있는 기회가 되기 때문이다. 사촌들과의 관계를 어렸을 때부터 긍정적이고 친밀하게 형성해 가는 것도 장차 도움이 될 것이다.

주말은 금기가 해제되는 시간이다. 우린 평일 내내 자제시킨 TV 시청을 주말에만 허락하곤 한다. 평일에는 7시에 집에 들어와 9시면 잠드니 만화 따위를 볼 시간이 없다. 반면 하루가 너무 긴 주말에는 장편

애니메이션 하나 정도로 시간을 보내는 것도 괜찮다. 무엇보다, 요리를 하고 설거지를 할 시간을 확보할 때 TV가 큰 도움을 준다. 혹은 금요일까지 잠을 줄여가며 일한 내가 낮잠을 참을 수 없기 때문이기도 하다.

아이 옆에 앉아 만화를 함께 보면서 내용을 공유하고 끝난 뒤에도 질문을 던져주면 더 좋다. 5세 정도는 아직 극장용 애니메이션의 복잡한 서사 구조를 이해하기 힘든 시기다. 인물의 동기와 감정이 말로 설명되지 않고 행동으로만 제시될 경우 아이가 맥락을 파악하는 건 쉽지 않다. 고델이 라푼젤에게 한 말은 거짓말인지, 모아나가 바다의 선택을 받은 건 언제부터였는지 아이와 함께 탐구해보면 만화가 더 재미있어지고, 예술을 향유하는 감각을 길러줄 수 있게 된다. 아이가 볼 만한 만화를 찾기 위해 전날 밤 디즈니 시리즈를 뒤적거리는 것 역시 약간 귀찮지만, 그만큼 보람이 있는 행위다.

주말을 통해 평일에 있었던 일들을 돌아보고 장기기억에 쌓아두면 일주일이 잘 마무리되고, 보람이 생긴다. 특히 어린이집에서 공유해준 이번 주 활동 내용이나 사진을 함께 보며 "월요일에는 체육 선생님과 루프 뛰어넘기를 했구나? 그때 짝꿍은 누구였어?", "목요일 철수 생일잔치 때 어떤 맛 케이크를 먹었어?" 등의 질문을 하고, 월요일에 친구들과 반갑게 인사하기로 약속하며 잠자리에 든다면 다음 주가 더 즐거워질 수 있다.

물론 위에 나열한 모든 주말 계획은 여행이나 놀이동산 등 특별한 계획이 없을 때의 경우다. 외출할 생각이라면 거기 맞춰 이틀 스케줄을 짜면 된다. 요즘엔 미세먼지 때문에 야외활동을 마음껏 할 수 있는 날이 드물지만, 서울 근교로 가는 짧은 여행, 캠핑, 동물원, 쿠킹 클래스(그래봐야 아이의 역할은 틀에 밥 눌러 주먹밥 만드는 정도지만), 대형 놀이터 등 무엇이든 좋다. 김재인은 대형 놀이터를 가장 좋아한다. 그물 사다리를 올라가고, 5m 높이까지 이어지는 3차원 미로를 헤매는 게 어지간한 여행보다 재미있다고 한다. 솔직히 저 멀리 미로 속에서 헤매고 오는 김재인을 바라보다가 가끔 눈이 마주치면 손만 흔들어주면 되기 때문에 부모 입장에서도 엄청 편하다. 에어팟으로 팟캐스트도 들을 수 있고.

기본 식단을
정해 두기

요즘엔 남녀 가리지 않고 요리가 취미인 사람이 흔하고, 초보자라 해도 유튜브와 블로그가 도와주기 때문에 모든 요리의 레시피를 쉽게 찾을 수 있는 시대다. 그러나 아이 밥을 해 먹인다는 건, 혼자 살 때 취미로 만들었던 봉골레와 아무런 관련이 없다. 우리는 백지상태에서 시작한다. 일단 자취 시절에 쓰던 식재료 중 스팸, 참치캔, 소시지, 베이컨, 굴 소스, 김치 등 '필살기' 재료는 모두 어린이 식단에 부적합하다. 또한 내 만족을 위해(또는 여자친구를 만족시키기 위해) 어쩌다 한 끼

해먹던 요리와 달리 매일 같은 패턴으로, 그러면서도 조금씩 다른 음식을 만들어야 한다는 건 이미 요리가 아니라 살림의 영역이다.

일단 기본 식단을 정해둬야 한다. 기본 식단은 첫째, 빨리 만들 수 있으면서 둘째, 영양 구성이 맞고 셋째, 우리 아이 입에 맞는 음식이어야 한다. 나는 장모님의 기본 식단을 옆에서 보며 많이 참고했기 때문에 우리 집 기본 식단은 아내의 고향인 제주식에 가까워졌다. 이유식을 떼고 일반식으로 넘어갈 때 장모님 음식을 많이 먹었기 때문에 김재인은 이미 길이 들어 있었다. 그래서 내 기본 국은 배추 된장국 또는 성게미역국이다. 성게의 경우 700g에 10만 원 정도 하는 고가의 식재료라 누구나 매번 쓸 수 있는 건 아니다. 처가에서 보내주실 때 잘 보관했다가 재인 국 끓일 때만 쓴다. 하지만 한 번 끓일 때, 만 원어치 못 되는 양으로 여러 번 먹을 양이 나온다는 점을 감안하면 아주 비싼 건 아니다. 무엇보다 재료값을 한다. 조리법이 간단하고, 성게 자체의 향을 살리는 게 최선이라 조미료가 거의 안 들어간다. 이것처럼 '우리 집 특유의 식단'을 하나씩 마련해둔다면 누구나 고민 없이 딸의 한 끼를 해결할 수 있을 것이다.

나는 국을 끓이는 동시에 별다른 양념 없이 그냥 구운 소 또는 돼지

또는 연어를 최소한의 시즈닝으로 낸다. 소분해서 전용 용기에 냉동해놓은 밥을 전자레인지에 해동해 준다. 생야채와 찍어 먹을 집 된장을 꺼낸다. 여기에 원래 있던 밑반찬 한 가지 정도만 제공하면 끝이다. 이 정도면 나처럼 멀티태스킹 안 되는 사람(멀티태스킹이 잘 돼야 요리에 소질이 있는 것이다. 난 틀렸다)도 모든 과정을 동시에 진행할 수 있으며, 당연히 국 끓이는 시간 동안 나머지 과정을 착착 해낼 수 있다. 이 조합은 우리 집의 영원한 인기 메뉴다. 김재인은 백 끼 넘게 반복된 식단에도 싫증 내지 않고 잘 먹는다.

아빠가 된 뒤에는 어딜 가도 전문가의 손길을 유심히 봐 두는 버릇이 생겼다. 출장지에서 오믈렛을 만들어주는 호텔 요리사의 손놀림을 유심히 봐 두면, 대충 비슷한 요령으로 흉내 내는 건 어렵지 않다. 프라이팬 구석에 계란을 모아놓고 나무젓가락으로 저으며 럭비공 모양을 만들다가 적당한 시점에 다른 재료들을 넣고 계속 저으며 익히면 끝이다. 잘게 썬 야채, 버섯에 치즈를 넣고 둥글게 말아주면 된다. 김재인은 그리 좋아하지 않아서 자주 먹이진 않지만. 요리뿐 아니라, 달인의 손놀림을 직접 볼 기회가 생기면 부쩍 유심히 관찰하게 된다. 포장 전문가가 선물 포장을 어떻게 하는지, 어린이집 선생님이 아이들에게 말을 걸 때 눈높이를 어떻게 맞추는지 등등 '금손'의 움직임을 잘 봐 두면 그걸 내 것으로 만들 수 있다.

TIP

양념을 미리 해놓는 것보다 찍어 먹게 하면 나트륨 섭취를 줄일 수 있다

특별한 수단을 쓴 건 아니었지만, 이유식을 뗀 뒤 늘 밥상 위에 생야채가 있었다. 김재인은 그걸 좋아했다. 생오이, 파프리카, 데친 브로콜리나 양배추, 하나도 안 맵다면 오이고추까지 우적우적 씹어 먹는다. 된장을 너무 많이 찍지 않는다면 좋은 식습관이다. 고기 역시 미리 양념하는 것보다 생으로 구운 뒤 소금, 간장, 된장을 조금씩 뿌려주거나 찍어 먹게 해 주는 것이 나트륨 섭취를 줄이는 방법이다. 미리 양념한 음식보다 먹기 직전 양념에 찍는 편이 적은 양의 나트륨으로 같은 짠맛을 느낄 수 있게 해 준다. 반대로 나트륨 섭취의 주범은 국물이다. 국은 국물보다 건더기 위주로 제공하고, 남은 국물은 버리든지 아빠가 밥 말아먹든지 하자.

김재인이 된장의 짠맛에 중독된 건 아닌지 걱정하던 시기도 있었지만, 된장 없이도 오이를 씹어먹는 걸 보면서 쓸데없는 걱정은 버렸다. 사실 짠맛을 좋아하는 건 인간의 본능 수준이다. 김재인뿐 아니라 많은 아이들이 올리브를 즐겨먹는다. 짜니까. 삶은 달걀의 노른자를 싫어하는 아이가 있다면, 소금을 주지 않았기 때문일 수도 있다. 소금 몇 알을 올려주면 잘 먹기 시작할 것이다. 짜니까.

한국 음식은 기본적으로 간이 센 편이고, 그걸 밥과 함께 먹으면서 중화시키게 되어 있다. 어린아이는 식재료의 원래 맛을 느낄 수 있도록 해 주는 것이 좋다고 생각한다. 두부를 먹인다면 따뜻한 연두부나 순두부에 간장만 조금 뿌려서 먼저 먹도록 하고, 그다음에 두부 전, 나중에 두부조림으로 넘어가는 게 좋다. 그러면서 이제까지 먹은 두부요리들을 비교해가며 공통점과 차이점을 찾아보면 아이가 스스로의 감각을 탐구하도록 이끌어주는 효과도 있다.

어른보다 적은 자극에도 충분히 민감해하는 아이에게 일찍부터 강한 자극을 알려줄 필요는 없다. 자장면 소스를 아주 조금만 묻혀주면서, 얘가 맛없는 걸 억지로 먹는 건 아닌지 유심히 살펴본 적이 있는데, 재인이 표정은 진심으로 맛있다는 표정이었다. 이때도 자장면 전체에 같은 양의 소스를 묻혀주면 오히려 나트륨 섭취량이 늘어나고, 싱거운 면 사이사이에 양념이 강하게 밴 양파와 고기 등을 하나씩 섞어주면 적은 나트륨으로 충분한 자극을 줄 수 있다.

500원짜리 뽑기, 악마의 놀이기구

동전 하나 또는 두 개를 넣은 뒤 다이얼을 드르륵드르륵 돌리면 캡슐이 하나 나오는 뽑기. 내가 어렸을 때 문방구 앞에 많았는데, 요즘엔 세상 어디에나 있다. 특히 악랄한 건 마트 입구에 좌우로 배치돼있는 뽑기들이다. 아이와 함께 시식과 장 보기를 마치고 주차장으로 돌아가려는데 캡슐 뽑기가 딸의 시선을 잡아끌었다면? "하나만 뽑겠다.", "어제도 뽑았으니 불허한다.", "꼭 갖고 싶다.", "지난번에도 금방 내다 버리지 않았느냐." 등등 대토론이 벌어지게 된다. 그럴 때 아빠와 딸

중 한 쪽만 민감하게 나오면 금방 싸움이 난다.

내 경우 몇 번 뽑기를 허락하다가 더 이상 안 되겠다고 생각했을 때 생각을 바꿨다. 오히려 장난감을 사주는 것이 내 전략이었다. 효과가 괜찮았기 때문에 소개한다. "앞으로 뽑기는 한동안 뽑지 않기로 하자. 대신 오늘은 장난감 코너에서 갖고 싶은 걸 하나 사 줄게. 아무거나 나오는 뽑기 여러 개보다 네가 고른 장난감 하나가 좋을 거야." 뽑기를 그냥 지나치면 큰 상처를 받을 거라는 얼굴로 나를 압박하던 재인은, 장난감이라는 제안에 순순히 따랐다. 이때 구입한 장난감은 1년 넘게 잘 썼으며 이후로 뽑기는 몇 달에 한 번씩 띄엄띄엄 이용하게 됐다.

아이를 설득할 때, 무턱대고 부모 말을 따르라고 하는 건 잘 통하지 않을뿐더러 위험성도 있다. 원칙에 따른 지시가 아니라 부모의 권위를 이용한 지시는 강압에 불과하다. 아이를 설득하는 것도 어른을 설득하는 것과 마찬가지로 협상을 거쳐야 한다.

군것질도 마찬가지다. 나도 과자와 음료수는 가급적 자제시키는 편이지만, 나보다 훨씬 엄격하게 군것질을 제한하는 부모가 많다. 그러나 편의점이 도처에 널려있는 세상에서 과자를 아예 안 먹이는 건 어려운 일이다. 애를 산속에서 키우면서 과자 맛을 아예 모르게 만들면

모를까, 일단 과자 맛을 본 아이는 그 쾌락을 찾기 마련이다. 무턱대고 제한하기만 한다면 욕구불만이 생긴다.

과자의 종류를 덜 달고 그나마 건강에 좋은 것으로 바꾸고, 횟수도 제한하면서 타협점을 찾아가야 한다. 때로 아이들은 편의점에서 뭔가 구입하는 행위 자체에서 재미를 느끼기도 하고, 쪽쪽 빨 수 있는 걸 입에 달고 있는 것만으로도 만족을 느낀다. 편의점에서 과자가 아니라 치즈를 사도 만족하고, 단맛 나는 음료수가 아니라 빨아먹을 수 있는 보리차를 줘도 좋아하는 아이들이 있다. 우리 아이가 과자를 사 먹는 행위 중 어느 부분을 요구하는지 살펴보고, 꼭 단맛이 아니어도 된다면 치즈나 생수를 제공하면서 아무런 마찰 없이 군것질을 줄일 수 있다.

가장 경계해야 하는 건 인기 캐릭터가 그려진 어린이용 음료다. 어린이 전용이니까 별생각 없이 물려줬다가 나중에 맛을 보고 '왜 이렇게 달아?'라며 깜짝 놀라는 부모들이 많다. 어린이용 밀크맛 음료수 중 상당수는 '김을 뺀 밀키스' 맛이 날 정도로 달다. 천연원료의 비중이 매우 낮은 합성식품이다. 영양성분표와 당류 함유량을 잘 살펴보자. 특히 저녁시간에 단 음료수를 먹이면 아이가 극도로 흥분해 잠도 못 자고 깔깔대는 (부모의) 비극이 벌어질 수도 있다.

식당에서 휴대전화 영상을
틀고 싶은 욕구를 참기

식당에서 아이에게 휴대전화를 보여주는 건 마지막의 마지막 옵션이다.

휴대전화를 멀리하자는 이야기가 아니다. 휴대전화 중독이나 시력감퇴는 오히려 나중 일이다. 어차피 우리 자녀들이 10살 정도 됐을 때 이 세상은 더욱 스마트폰 의존적으로 바뀌어있을 것이다. 생각보다 이른 시기에 스마트폰을 안겨줘야 할 가능성이 높다.

중요한 건 식사 시간 동안 아이와 무엇을 하느냐의 문제다. 아이와 잠깐 떨어져야 하는 피치 못할 사정이 있을 경우라면 어쩔 수 없다. 예를 들어 아이가 들으면 안 되는 이야기를 어른들끼리 긴히 나눠야 한다든가, 10년 만에 본 친구를 오늘 하루만 만날 수 있다든가, 아이의 인내심 한계를 넘어선 상황(기차를 몇 시간씩 타는 경우 등)이라든가, 주위에 폐가 되지 않기 위해 어쩔 수 없이 작은 소리로 만화를 틀어줘야 한다든가 등등. 나는 인터뷰하는 자리에 김재인을 데리고 나간 적도 있다. 다행히 마주 앉은 축구선수가 김재인을 귀여워해 줬고, 김재인이 책과 스마트폰을 갖고 놀며 조용히 있어준 덕분에 인터뷰를 탈 없이 마칠 수 있었다. 이런 경우 스마트폰을 들려주는 건 어쩔 수 없는 일이다.

반면 부모와 자녀들끼리만 식당에 갔다면? 이때 아이가 스마트폰을 들여다보고 있으면 가족 간의 대화가 단절된다. 밥상머리 교육이라는 건 식탁에 함께 앉으면 자동으로 이뤄지는 것이 아니라, 그 자리에서 대화를 나눠야 진행되는 것이다. 음식 맛부터 요즘 어린이집에서의 생활까지 온갖 대화를 나눠야 하고, 간단한 숫자 세기부터 동물의 생태까지 온갖 궁금증에 답을 해줘야 하는데, 스마트폰은 이 모든 기회를 박탈한다.

스마트폰을 들려줬을 때 생기는 두 번째 폐해는 밥을 제대로 먹지

않는다는 것이다. 휴대전화를 보고 있는 아이는 식사에 집중하기 힘

들다. 습관이 잘 들어 있는 아이는 눈으로 화면을 보면서 손으로는 음

식을 입에 넣을 수도 있지만, 이것도 역시 문제다. 영양은 섭취하지만

맛에 집중할 수 없기 때문이다. 미각을 쓸 기회가 있을 때는 미각에 집

중하게 해 줘야 하는데 시각과 청각 자극에만 사로잡혀 있으면 혀를 통한 즐거움을 놓치게 된다.

　내 경험상, 아이가 밥을 먹지 않을 때 가장 기본적인 해결책은 나도 같이 먹는 것이었다. 아이에게만 음식을 주고 부모는 다른 일을 하거나, 앞에서 쉬고 있는 경우가 많다. 가능하다면 시간을 여유 있게 잡고, 어른이 먼저 아이 앞에서 숟가락을 놀리면 아이도 자연스럽게 내 행동을 따라오게 된다. 그러면서 대화가 열리고, 교감이 깊어진다. 스마트폰으로 영상을 보여줘야 하는 상황이라면, 밥을 다 먹이고 식사시간이 끝났다는 걸 주지시키고 나서 보여주는 게 좋다.

씻기 싫어하면? '어떻게' 씻을지
스스로 결정하게 해 주자

　매일 해야 하는 '데일리 루틴'을 딸이 거부하기 시작하면 아빠는 미칠 지경이 된다. 대표적인 예로는 "씻기 싫어!"와 "자기 싫어!"가 있다. 부모는 상냥한 말투로 설득을 시작하지만, 곧 딸의 완강한 저항에 부딪친 뒤 "내 말 듣지 못해?" 모드로 넘어가게 된다. 딸은 더 반항하거나 울음을 터뜨릴지도 모른다. 결국 아빠는 마음대로 딸을 주무르지도 못한 뒤, 심한 말을 했다는 자괴감에 빠진다. 여기까지 왔다면 최악의 결과다. 딸을 재운 뒤 맥주 한 잔으로 자괴감을 씻어보려다 다음날 늦게 일어나고 회사에 지각... 아 그만 써야겠다. 이 내용의 악몽을 꿀수도 있다(진짜로 애를 늦게 깨운다는 내용의 악몽을 꾸고 소스라치며 일어났는데 새벽이었던 적이 있었다).

먼저 바꿔야 하는 건, 일방적인 지시를 멈추는 것이다. 딸이 씻는 것을 거부할 때 아빠가 흔히 하는 말 중 "그래도 한 번만 씻어보자.", "안 씻으면 병 걸린다.", "씻어야 또 놀 수 있어."등이 있는데, 모두 부드러운 말투를 쓴 것 같지만 사실은 일방적인 지시일 뿐이다. 그보다는 딸의 의견을 반영해 주면서 어느 정도 선택권을 부여하면 갈등은 뜻밖에 쉽게 예방된다.

그렇다고 해서 원칙까지 저버릴 수는 없다. 딸에게 "씻을래, 안 씻을래? 마음대로 해."라고 말하면 "안 씻을래."라고 하는 순간 돌이킬 수 없게 된다. 원칙은 확실히 하되, 원칙이 아닌 것 중에서만 선택권이 있다는 걸 확실히 해야 한다. 예를 들어 "재인아 목욕하자."라는 지시에 딸이 거부반응을 보인다면, "재인아, 지금 씻어야만 하는 시간이야. 대신 목욕 장난감은 물뿌리개와 거북이 중에서 골라 볼래?"라고 물어보면 된다.

선택권을 주는 건 매우 효과가 좋은 설득 방법이다. 자는 걸 거부하고 더 놀고 싶다고 할 때도 "책 한 권만 읽고 무조건 자야 한다." 대신에 "자기 전 마지막 놀이로 책을 읽어줄까, 아니면 이야기를 들려줄까?"라고 최소한의 선택권을 주면 아이의 저항이 훨씬 약해진다.

이렇게 하면 아이는 능동적으로 결정하는 경험을 조금씩 늘려나가게 된다. 단순히 딸을 조종하기 위한 방법이 아니라 딸의 하루를 더 주체적이고, 더 만족스러운 것으로 만들어주는 쉬운 방법이다. 주체적으로 결정하는 경험이 쌓이면 딸은 점점 더 재미있는 목욕 방식을 스스로 탐색하고, 목욕을 즐기는 아이로 변모해나갈 수도 있다.

이때 아빠가 원하는 걸 조금 포기하면서 협상하려는 자세가 중요하다. 5분 안에 씻기고 싶은 마음이 굴뚝같더라도, 씻고 싶은 마음이 없는 아이를 꼬드겼을 경우에는 물놀이를 동반한 긴 목욕을 받아들여야 한다. 아이는 욕조에 들어가는 것만으로도 부모의 뜻을 따라 준 것이다. 그 안의 세부적인 내용은 아이가 스스로 정할 수 있도록 해주면 한층 즐거운 시간을 만들어갈 수 있을 것이다.

'선택권 주기'는 무궁무진한 응용방법을 통해 하루 종일 활용할 수 있는 설득 방법이자 소통 방법이다. 어떤 선택권을 줄지 고민하다 보면 놀이의 종류가 늘어나는 효과도 있다. 심지어 걷기를 거부할 때조차, 아빠가 재미있게 걷는 법을 두 가지 고안해서 제안한다면 딸이 씩 웃으며 마음에 드는 쪽을 선택하고, 그때부터 걷기는 이동이 아닌 놀이가 되기도 한다. 그러다 보면 어린이집 가는 걸 거부하던 딸도 "아빠, 오늘은 지하 미로(사실은 주차장)를 지나서 외나무다리(사실은 좀 넓은 난간)를 거쳐서 가는 게 어때?"라고 먼저 제안을 해 올 것이다.

TIP
스스로 씻으면서
자신의 성장을 확인하는 딸

목욕은 보호자의 도움이 꼭 필요한 대표적 활동이다. 심지어 밥 먹는 것조차 식당에 가서 혼자 포크를 든다면 어느 정도 혼자 해결할 수 있다. 그러나 목욕은 꽤 오랜 시간 동안 부모의 손에 의존해야 한다. 양치도 마찬가지다.

아직 혼자 씻을 준비가 되지 않은 아이라고 해서 마냥 씻겨주기보다는, 스스로 씻을 수 있는 부위를 하나씩 발견해가면서 자율성을 키워주는 것도 좋은 방법이다. 아이들은 빨리 크고 싶은 욕구와 아기로 돌아가고 싶은 욕구를 동시에 갖고 있다. 스스로 씻을 수 있는 부분이 늘어날수록 아이들은 만족감을 느끼며, 그럴 때 '형님' 또는 '언니'가 된 자신을 확인할 것이다. 아이 스스로 자신의 성장을 즐기

게 된다.

첫 단계는 보통 '손 깨끗이 씻기'가 될 것이다. 최소한 아이와 함께 씻을 때만큼은 아빠도 '손바닥, 손등, 손깍지, 손끝, 엄지'를 모두 씻으면서 손 씻기의 정석을 함께 실천하도록 하자. 손 씻기는 어린이집에서 초창기에 배우는 '기술'이기 때문에 습득이 빠르다. 비누를 잘 짜고, 물을 틀었다가 끄고, 수건으로 물기를 제거하는 과정을 처음 익히게 된다.

두 번째 단계는 세수다. 보통 5, 6세 정도부터 어린이용 약산성 세안제를 쓰게 되며 그전까지는 물로만 세수하는 것이 보통이다. 처음부터 세안제를 쓰면 거품이 눈에 들어갈 거라는 공포 때문에 거부감을 갖고, 나아가 스스로 씻는 걸 거부할 수 있다. 물로 구석구석 씻는 것만으로도 아이는 재미를 느낄 수 있다. 씻기 전 팔을 잘 걷기 등 절차를 습득하는 것도 교육적이다.

목욕할 때는 몸에 비누칠을 하고 문지르는 과정이 쉽다. 가정마다 쓰는 비누가 다를 텐데, 우리는 보디워시가 아닌 저자극성 비누를 쓰기 때문에 자연스럽게 아이에게 들려줄 수 있었다. 등을 제외한 온몸에 비누를 한 번씩 칠한 뒤 문지르면서 거품을 내는 과정은 스스로 몸 구석구석을 만지고 관찰해보는 기회이자 일종의 촉감놀이라는 의미도 있다. 김재인의 경우 이 단계에서 큰 성취감을 느꼈다. 스스로 만족할 때만 나오는 "어때, 나 완전히 형님이지?"를 시전했다는 게 그 증거다. 보디워시를 쓸 경우 어린이들이 좋아할 만한 디자인의 샤워볼을 쓰면 한결 분위기가 즐거워진다.

머리를 스스로 감는 나이는 가정마다 천차만별이다. 이르면 4세부터 혼자 감도록 유도하는 가정도 있고, 초등학교 갈 때가 되어서야 스스로 감도록 유도하는 가정도 있다. 머리가 긴 여자아이들의 샴푸는 어른이 한 번 도와줘야만 깨끗하게 마무리되는 경우가 많으니 서두를 필요는 없다고 생각한다. 양치 역시 스스로 한 뒤에도 어른이 한 번 더 구석구석 훑어줘야만 제대로 마무리된다.

가장 즐거운 마지막 단계는 로션 바르기! 촉촉해지는 자신의 몸을 확인하고, 역시 자신의 몸 구석구석을 만져보면서 느끼는 과정이다. 자연스럽게 몸에 대한 대화를 나누기 좋고, 아토피 증상이 있는 아이들과는 대화를 통해 오늘의 상태를 파악하고 함께 해결해가는 경험을 나눌 수 있다.

가방만 잘 싸면
어디든 언제든 갈 수 있다

애를 키우려면 차가 필요하다고들 한다. 나도 김재인이 태어날 즈음 첫 차를 뽑았다. 그렇다면 가까운 거리도 차로 다닐까? 그건 아니다. 난 예전부터 대중교통을 더 좋아했고, 지금도 재인이를 데리고 대중교통을 이용하는 게 재미있다.

사실 모든 아이들은 대중교통을 좋아한다. 〈슈퍼맨이 돌아왔다〉에 나오는 어린이들이 버스를 보고 웃는 것처럼 어지간한 아이들은 다 좋아한다. 〈꼬마버스 타요〉가 있고, 꼭 그게 아니라도 대부분 자동차에 관심을 가지며, 어렸을 때는 복잡하게 생긴 슈퍼카보다(단지 크다는 이유로) 버스를 선호하는 게 일반적이다. 김재인은 기차도 엄청나게 좋아했다. 서울역 KTX 승강장으로 이어지는 계단 위에 서서 황홀한 표정으로 '씽씽이(타요의 스핀오프 격인 〈띠띠뽀 띠띠뽀〉에 등장하는 KTX 캐릭터)'를 바라보며, 열차가 들어오고 나갈 때마다 열렬히 손을 흔들던 김재인의 표정을 나는 잊지 못한다. 너무 귀여웠기 때문이다. 다시 말하지만, 김재인이 특이한 건 없다. 아이들은 다 탈것을 좋아한다.

그러므로 대중교통을 함께 이용하는 건 4~6세 어린이들에게 일반적으로 즐거운 경험이다. 대중교통에 비하면 오히려 운전이 더 힘들다. 제3의 동승자 없이 아이와 단둘이 차로 이동하는 건 은근히 긴장되는 일이다. 이동하는 도중 아이가 오줌 마렵다고 소리를 친다면? 배가 고프다고 허우적거린다면? 기묘한 유연성을 발휘해 카시트에서 반쯤 탈출해버린다면? 혹은 그냥 기분이 나빠서 고래고래 울어대기 시작한다면? 핸들을 잡은 나는 할 수 있는 게 아무것도 없다. 반면 대중교통을 이용하면 나의 자유로운 손발로 딸을 돌볼 수 있다는 것부터 이미 기분이 상쾌하다. 마주 보고 이야기도 할 수 있고.

대중교통을 이용할 때 첫 번째 원칙은 가방을 야무지게 싸는 것이다. 딸을 아기 띠에 매달고 다니던 시절에는 의무적으로 기저귀, 물, 분유 등을 가지고 다니는 반면 4세가 넘어가면 부모들이 쉽게 방심하곤 한다. 방심하지 말고 '외출용 기본 가방'을 늘 현관 근처에 뒀다가 들고 나가는 습관을 들이자. 물티슈 또는 손수건, 물 또는 우유, 간식거리, 갈아입히는 것과 덧입히는 것이 모두 가능하도록 넉넉한 크기의 옷, 속옷과 양말 등이 필요하다. 먼 거리를 간다면 책이나 장난감도 필수적인데, 분해되는 장난감은 길에서 잃어버리기 쉬우니 주의해야 한다. 이 가방만 있으면 어딜 가든 문제는 없다. 요즘처럼 방역에 대한 경각심이 큰 계절에는 여분의 마스크와 작은 손세정제도 좋다.

지하철을 타고 몇 번 이동하다 보면 아이의 성장을 확인할 수 있다. 처음에는 아빠 손을 꼭 붙잡고 두리번거리는 것이 전부였는데, 어느새 노선도를 읽으며 자신의 위치를 직접 확인할 정도로 컸다는 게 보인다. 지하철 노선도는 아이가 가장 가깝게 볼 수 있는 지도다. 집에서 가까운 지하철역을 확인하고, 집에서 역까지 가는 길을 익혀두면서 자신의 동네를 자연스레 체험할 수 있게 된다. 버스를 타면 동네 주변을 구불구불 돌아다니며 아빠와 함께 창밖 풍경에 대해 대화하는 게 가능하다. 카시트에서는 쉽지 않은 일이다.

의사 '선생님'과 간호사 '언니'

병원에서 다들 무심결에 쓰는 표현이 '의사 선생님'과 '간호사 언니'다. 성별에 다른 역할을 한정 짓는 건 늘 위험하지만, 특히 딸 앞에 서라면 더 위험하다는 걸 잊지 말자.

실제로 남자 의사와 여자 간호사가 훨씬 흔하기 때문에, 말이라도 조심해야 한다. 통계를 보면 여자 의사는 30% 미만이고, 소아과조차 여자 의사의 비율은 절반 정도에 불과하다. 남자 간호사는 고작해야 3% 정도다. 그러므로 우리 자녀는 남자 의사, 여자 간호사로 구성된 병원에 다닐 확률이 가장 높다. 이런 상황에서 부모가 의사만 '선생님'이라고 부르고 간호사를 '언니'라고 부르면 성별 고정관념을 고착시킬 뿐이다. 눈앞에 있는 간호사들을 제대로 존중하지 않는 호칭이 될 수도 있다.

사실 이 이야기는 전혀 새로울 것이 없다. '간호사 언니'라는 말이 나쁘다는 걸 요즘 세상에 누가 모르겠는가. 그러나 어렸을 때부터 지겹게 들어온 언어는 우리의 습관 깊은 곳까지 달라붙어 있기 때문에 잘 떨어지지 않는다. 정신을 차리고 있을 땐 '간호사 선생님'이라고 부르다가도, 아이가 어디서 배워왔는지 '간호사 언니'라고 말하기 시작하면 별생각 없이 맞장구를 치는 자신을 발견하게 될지도 모른다. 아이들끼리 역할놀이를 할 때면, 남자아이는 의사를 하고 여자아이는 자연스럽게 간호사를 맡는다. 이건 어쩔 수 없다. 남자아이가 본 적도 없는 남자 간호사 연기를 하는 건 어려우니까.

딸을 가진 요즘 부모라면 누구나 선입견의 벽에 막히지 않고 원하는 일을 찾아가길 바랄 것이다. 우리 딸이 살아갈 세상은 지금보다 더 가능성이 열려있는 세상이었으면 한다. 그러나 내 언어습관이 틀에 박혀 있다면, 그만큼 아이의 상상력을 제한하는 꼴이 될 것이다. 오늘

도 말조심을 다짐하면서, 아이가 중학생 정도 되면 표인봉 씨가 간호

사로 등장하는 〈순풍 산부인과〉를 추천해 줄까 싶기도 하다.

TIP

예방접종 일정은
앱으로 확인 가능

주 보육자가 계속 바뀌고, 그때마다 아이의 가방 싸는 방식도 바뀌는 삶을 살았더니, 어느 순간 어린이 건강수첩을 잃어버렸다. 자신이 한심하게 느껴지기도 하고, 태어났을 때부터 지금까지의 추억이 담긴 물건을 하나 잃어버렸다는 것이 너무 아깝지만 지난 일은 어쩔 수 없다. 병원에서 새 건강수첩을 하나 던져줬다. 내용을 알아서 채워오라는 말과 함께.

예방접종 기록과 앞으로 맞아야 할 예방주사는 온라인으로 조회할 수 있다. 질병관리본부 예방접종도우미 사이트(URL은 www.nip.cdc.go.kr/irgd인데 세상에, 이렇게 외우기 힘든 주소는 처음 봤다)에 회원가입을 하고 자녀를 등록하면 예방접종 내역 및 일정이 쫙 나온다. 애플과 안드로이드 모두 휴대전화 앱으로도 나와

있다. 웹사이트와 앱 모두 홍보가 잘 되어있지 않고, 무엇보다 건강수첩을 잃어버

리지 않는 한 볼 일이 없기 때문에 존재를 모르는 부모가 더 많지만, 나처럼 잘 잃

어버리는 부모에겐 꼭 필요하다는 사실!

'습관은 금지보다 원인 제거가 먼저'라는데, 그거 어떻게 하는 건데?

모든 아이는 습관이 생긴다. 손가락을 빨거나, 코를 파거나, 입술을 물어뜯거나, 혀를 날름거리거나, 혹은 이 모든 행위를 동시에 하기도 한다. 저 혓바닥이 무슨 뜻인지 궁금해서 인터넷에 검색해보면 대부분 '함부로 금지하지 마세요', '욕구불만 때문일 수 있으니 원인을 제거해주세요'라는 답이 쓰여 있다. 모범답안인 것 같긴 한데, 문제는 원인 제거를 어떻게 하는지 알기 힘들다는 점이다. 무엇보다 눈앞에서 자기 주먹을 핥아대는 자녀를 보면 "하지 마."라는 말이 반사적으로 튀어나가기 때문에 참는 것부터 상당한 노력을 요한다.

만약 습관이 사회적 금기, 즉 욕설이나 폭력적인 행위인 경우라면 단호한 금지로 대응해야 한다. 이때 주의할 점은 웃거나 장난스러운 반응을 보이는 것이다. 딸이 애교를 부리기 시작하면 너무 귀여운 나머지 혼낼 수가 없다는 아빠들이 있지만, 혼낼 땐 혼내자. 혼내다 중간에 웃어버리면 죽도 밥도 안 된다. 더 큰 문제는 아내가 딸을 혼내고 있을 때 옆에서 웃어버리는 것이다. 사실 이쪽이 더 위험하다. 스스로 혼낼 때는 이미 짜증이 난 상태라 아무리 예쁜 딸이라도 단호하게 혼낼 수 있지만, 남이 혼내는 걸 제3자로서 지켜보면 웃길 때도 있다. 그러나 함부로 웃어버리면 훈육의 효과를 떨어뜨릴 뿐 아니라 아내와 심각한 갈등을 겪을 수 있다. 밤새 싸우고 싶지 않다면 웃지 마라.

재인은 손톱과 발톱을 뜯는 버릇이 있었는데, 초조할 때 그러는 걸 원천 봉쇄하는 건 불가능하다. 나는 교과서적인 대응을 위해 "하지 마라."라는 말을 자제했다. 대신 패턴을 관찰했다. 대부분 혼자 심심하게 있을 때 뜯었다. 또 한 가지 손톱, 발톱을 오래 뜯는 상황은 긴 영상물을 볼 때였다. 〈모아나〉를 틀어주고 급한 회사일에 몰두해 있다가 문득 고개를 들면 엄지발톱을 뜯는 김재인이 보이곤 했다.

　대처방안은 간단하다. 심심할 틈 없이 열심히 놀아주는 것이 첫 번째 방법이다. 김재인이 좋아하는 만화를 볼 때도 해결책은 간단했다. 손에 장난감을 하나 들려주면 됐다. 어른들이 스트레스 해소를 위해 볼펜을 돌리거나 피젯스피너를 구입하듯, 아이들에게도 딸깍거릴 수 있는 장난감 하나를 들려주면 손톱을 뜯지 않게 된다. 마지막 난관은 어린이집 낮잠 시간에 멍하니 누워 있는 시간을 해소하는 것이었다. 원래 개인 장난감을 가져가는 건 금지지만, 선생님과의 협의를 통해 김재인은 작은 인형 하나를 가져가 만지작거릴 수 있도록 했다. 이 조치만으로도 뜯는 버릇이 눈에 띄게 줄어들었다.

　불결하지도 무례하지도 않은 습관이라면, 그냥 내버려 두자. 김재인은 혀를 좌우로 날름거리는 습관이 일시적으로 생겼다. 혀를 쭉 뺀 뒤 엄청난 속도로 좌우 왕복 운동을 하는 건데, 의식적으로는 아예 불가능한 동작이다. 초조하거나 긴장했을 때 꼭 강아지의 꼬리처럼 혀가 흔들렸다. 나는 이 습관에 대해 아무런 지적도 않고 내버려 두기로 했다. 그랬더니 몇 달 뒤에는 자연스럽게 습관이 줄어들었다. 그럴 때 "너 혀 날름거리는 거 알아? 그거 하지 마!"라고 하는 순간 아이는 자신의 습관을 신경 쓰게 되고 자연스러운 해소는 점점 먼 일이 되어버린다.

손톱을 뜯는 아이에게 반창고를 붙여주는 건 일반적으로 볼 때 나쁜 대응이다. 손으로 주위 사물을 탐색하고 느낄 기회를 차단하기 때문이다. 마찬가지로, 손톱에 매니큐어나 스티커를 붙여주는 것 역시 훼손될까 봐 모래놀이를 못 하게 된다면 나쁜 해결책일 수 있다. 반면 내 경험상, 배나 팔처럼 활동에 영향을 미치지 않는 곳을 긁어댈 경우 반창고로 가려주는 건 괜찮은 해결책이었다. 상처가 아물 때까지 예쁜 밴드를 붙여서 보호하기로 하는 건 자기 몸을 소중히 하는 경험이라는 점에서도 썩 괜찮았다.

CHAPTER 2
여자아이라는
섬세한 동물

어렸을 때 나는 바보였는데, 딸은 아니잖아?

처음엔 어린 시절의 나 자신이 지금의 김재인과 어떻게 다른지 알지 못했다. 즉 남자아이와 여자아이의 차이를 알지 못했다. 재인이의 친구들을 한 명씩 만나면서 같은 나이 남자아이와 여자아이들을 번갈아 관찰해 보니, 대체로 여자아이들이 더 섬세하다는 것이 눈에 띄었다. 두 성별 사이에 일반적인 차이는 존재한다. 성별 고정관념에 내 아이를 짜 맞추는 건 물론 금물이다. 남녀의 선천적인 차이를 탐구하는 건, 내 딸이 나와는 다른 본능을 타고났다는 걸 이해하고 접근하기 위해서다.

이를테면 어린 시절의 나는 신체적인 자극에 쉽게 흥분하고, 일단 흥분이 머리끝까지 올라가면 웃음을 멈출 수 없었다. 신체적인 자극의 예를 들자면 아무 이유 없이 제자리에서 빙빙 돌기, 아무 이유 없이 넘어지기, 아무 이유 없이 손에 잡히는 것 집어던지기 등이 있다. 이런 행위를 좋아하는 건 남녀 공통이다. 그런데 여자아이들이 보통 '신난다'에서 멈춘다면, 남자아이들은 그걸 넘어서서 '정신이 나갔다'까지 가는 경우가 더 흔하다. 그런 측면에선 남자아이들이 더 순진하다고 할 수 있을 것이다.

어린 여자아이들은 타인과의 관계에 좀 더 민감하게 반응하는 경향이 있다. 김재인은 심지어 5살 때부터 반 친구와 기 싸움도 했다. 어린이집 5살 아이들에게서 자주 관찰되는 현상은 아니라던데, 그 측면에서 김재인은 쓸데없이 일찍 발달한 편이다. 시간이 흐른 뒤 기 싸움의 대상이었던 아이와 친한 친구가 되었지만, 처음에는 꽤 당황스러웠다. 어린 시절의 나였다면 상상할 수도 없는 이야기였기 때문에 '외동이라 그런가?', '세대 차이인가?' 등등 여러 가설을 세워 보았다. 그러면서 재인이네 반 남자아이들을 봤는데, 어린 시절의 나처럼 순수한 얼굴로 놀거나 멍을 때리고 있었다. 그렇다. 세대 차이가 아닌 성별의 차이였다.

즉 아빠로서 딸을 키운다는 건, 여자가 어떤 존재인지 가장 본능적인 시절부터 차근차근 이해할 기회를 갖는 것이다. 다시 말하면 아빠 자신의 유년기에 아이를 섣불리 대입했다간 큰코다칠 수 있다는 뜻이기도 하다. 김재인은 밖에 나가면 '중성적이다', '보이시하다'라는 말을 듣는 아이지만 동시에 '감수성이 예민하고 여리다'는 평가도 받는다. 취향은 내 영향을 받지만, 어려서부터 민감한 영혼은 나와 딴판이다.

섬세한 아이를 돌본다는 건 상당히 까다로운 일이다. 어린아이들은 감정을 숨기는 것이 서툴기 때문에, 조금만 신경 써서 관찰하면 지금 어떤 기분인지 파악하는 것까지는 쉽다(물론 관심을 갖지 않는다면 영원히 모른다). 나처럼 주 양육자로서 아이와 애착관계를 형성했다면, 아이가 어떤 기분인지 알 수 없는 것보다 좀 변덕스럽더라도 그때그때 눈치 챌 수 있는 게 차라리 나은 법이다. 아동기 때 애착의 대상과 형성한 유대관계는 죽을 때까지의 대인관계를 결정한다는 것이 아동심리학의 상식이다. 김재인과 나의 관계는 어린 시절의 교우관계에 영향을 미칠 뿐 아니라 훗날의 연애, 대학생활, 나아가 능동적인 진로 결정, 높은 자아효능감과 사회적 능력감까지 결정할 수 있는 것이다.

내가 어릴 때만 해도 서로의 감정을 신경 쓰지 않는 가족이 흔했다. 상처받는 일이 있어도 서로 티 내지 않고 속으로만 간직하는 것이 당시 가족의 모습이었다. 그러나 아빠가 된 나는 새로운 시대의 가족을 만들어가야 한다. 지금 내가 아이의 애정에 만족스러운 반응을 보여주면, 그 영향이 앞으로 100년 동안 이어질지도 모른다. 그러므로 딸에게 언어능력이 생기고 스스로의 감정을 직시할 수 있게 되어 가면, 아빠는 마음의 준비를 단단히 해야 한다. 생전 처음 보는 섬세한 존재와 서로 만족스러운 관계를 만들어가기 위해서.

눈을 들여다보는 것이
관계의 시작

한 연구에 따르면 상대의 감정을 읽을 때 서양인은 입, 동양인은 눈을 본다고 한다. 그러면서도 한국인은 보통 눈을 깔고 대화한다. 연인 사이에도 정면으로 마주 본 채 시선을 고정하는 일은 드물다. 하물며 모르는 사람보다 더 어색하기 십상인 가족 관계에서는 서로 눈을 마주 볼 일이 없다. 즉, 한국인은 내 가족의 감정에 별로 관심이 없다.

그러나 딸의 마음을 읽어내기 위한 첫 단계는 눈을 잘 들여다보는 것이다. 그 첫 번째 의미는, 이 존재가 얼마나 티 없고 무력한지 깨닫기 위해서다. 특히 갓난아기는 거의 생각을 할 수 없기 때문에 눈빛이라고 할 만한 것도 없다. 다양한 욕망이 담겨 있는 어른의 눈과 달리 아이의 눈은 검고 투명해서, 때론 심연처럼, 때

론 거울처럼 느껴진다. 그 검은 원을 뚫어지게 보면 내 얼굴이 그대로 반사되어

보이고, 나아가 내 감정까지 되돌아오는 느낌을 받는다. 김재인이 갓난아기일

때, 스트레스가 심한 날 재인이의 눈을 들여다보면서 혼자 감정을 털어내고 꼭

안아준 적이 몇 번 있었다. 그때 그 눈의 느낌을 잘 기억해두면, 시간이 갈수록 눈

동자 안에 감정이 차면서 우리가 잘 아는 사람의 눈으로 변해가는 과정을 함께할

수 있다.

아기를 지나 어린이가 됐을 때, 눈을 들여다보는 건 서로의 감정에 공감하기

위한 과정이다. '눈은 마음의 창'이라는 게 과학적으로 증명돼 있다. 인간은 영장

류 중 특이하게 눈이 옆으로 찢어졌으며 흰자위와 동공의 색 구별이 유독 두드러

지는 종이다. 그렇기 때문에 서로 어디를 보는지 민감하게 파악하고 그 의미를 해

석할 수 있다. 눈을 통해 서로 생각을 읽을 수 있도록 진화해 온 것이다. 갓난아기

는 시력이 거의 발달하지 않은 상태에서도 자연스럽게 보호자의 눈부터 주시하

는 경향이 있다. 마음의 벽을 열고(내 또래의 덕후 출신 아빠라면 'AT 필드를 개방한

다'는 느낌으로 바라보자) 딸의 눈을 보는 건 서로의 감정 상태를 읽는 첫 단계. 다

른 사람과는 민망해서 이런 짓 못한다. 내가 눈을 5초 이상 들여다볼 수 있는 건

딸뿐이다.

특히 딸에게 애정을 표현할 때, 또는 꾸짖을 때 등 내 감정을 드러내야 하는 순

간이 오면, 더욱 의식적으로 눈을 들여다보는 것이 좋다. 그럴 때 사랑하는 마음은 더 크게 우러나고, 짜증은 서서히 풀리면서 한결 이성적으로 꾸짖을 수 있게 될 것이다.

인간은 대화 상대의 동공에도 민감하게 반응한다. 한 실험을 통해 성적 호감을 느끼면 동공이 확대되며, 이 변화를 무의식중에 눈치챌 수 있다는 것이 드러났다. 그런데 동공은 성적인 호감뿐 아니라 다양한 감정 상태에 의해 팽창할 수 있다. 마음이 편안하면 부교감신경이 작용해 동공은 수축하고, 반대로 두려움이나 놀라움을 느끼면 동공이 팽창한다. 흥미 있는 대상을 찾거나 행복을 느낄 때도 동공은 팽창한다. 어려운 과제를 풀기 위해 집중할 때도 동공이 커진다. 아빠와 딸은 상대의 동공과 얼굴 표정을 조합해 지금 어떤 기분인지 쉽게 알아챌 수 있다. 서로에게 관심만 있다면.

아이도 왜 짜증 나는지 모를 때, 아빠가 먼저 파악하자

남자는 여자에 비해 공감능력이 부족하다는 말을 많이 듣곤 한다. 하버드 대학교에서 수행된 연구에 따르면, 영화 장면을 소리 없이 영상만 보여줬더니 여자는 대화 내용의 87%를 파악한 반면 남자는 42%를 파악하는데 그쳤다고 한다. 이후 수행된 추가 연구들의 결론은, 남자도 공감능력이 있지만 특별한 동기가 있지 않는 한 잘 발휘하려고 들지 않는다는 것이다. 비슷한 실험을 하면서 남자들에게 '영상 속 사람의 심리를 맞히면 돈을 준다'고 했더니 정답률이 크게 올랐기 때문이다.

그렇다면 타인의 감정을 읽는 것이 게을렀을 뿐, 충분한 동기부여가 있는 남자는 여자 못지않게 훌륭한 공감능력을 발휘할 수 있다는 결론이 난다. 딸과 오랜 시간을 보내야 하는 아빠들에겐 퍽 희망적인 결론이다. 우리가 공감능력 측면에서 구제불능인 게 아니라, 마음의 준비만 되어 있다면 뛰어난 역량을 발휘할 수 있다는 거니까.

아빠들에게는 본능적으로 문제 해결 방법을 모색하려는 성향도 있다. 딸의 심리에 잘 공감한 뒤 문제 해결로 자연스럽게 이어간다면 스트레스 요인을 줄이고 한결 즐거운 일상을 만들어갈 수 있다.

김재인의 세 번째 생일이었다. 전날 아내가 가져온 헬륨 풍선을 들고 기분 좋게 어린이집으로 가는 길이었다. 그런데 아파트 정문을 빠져나가기도 전에 김재인이 점점 불안한 표정을 하더니, 급기야 제자리에 멈춰서 입을 쑥 내밀었다. 저 심리가 불안함이라는 건 금방 알 수 있었다. 그 원천을 찾아야 했다. 오늘 등원 길의 새로운 요인이라면 풍선 하나뿐이었다. "풍선이 날아갈까 봐 불안해?" 김재인은 맞다고 했다. 그런데 손에 풍선을 묶어주려고 하자 김재인은 그것도 싫다며 완강한 거부반응을 보였다. 김재인은 지금 풍선을 '들고' 가고 싶은 것이다. 이때 짜증을 내면 안 된다. 풍선을 굳이 들고 가는 동시에 날아갈까 봐 불안해하는 건 비합리적인 소리지만, 애들은 원래 그렇다. 어린이들 특유의 '이유는 나도 모르지만 다 싫어' 상태다. 여기서 '아빠 말을 듣지 않고 쓸데없는 고집을 부리면 안 된다'고 혼내기 시작하면 일은 걷잡을 수 없이 커진다.

해결책은 아주 간단했는데, 주변에서 적당한 무게의 돌을 하나 주워 와서 쓱쓱 닦은 다음 풍선을 거기에 묶는 것이었다. 나 혼자 뭔가 하고 있으면 김재인이 방해하기 마련인데, 그날은 풍선이 어떻게 변할지 궁금했는지 빤히 잘 쳐다봤다. 그리고 그 돌을 바닥에 툭 던져 풍선이 날아가지 않는다는 걸 확인시켜줬다. "자, 네 손으로 들고 가는 풍선이면서 날아가지도 않는 풍선이야. 됐지? 이제 이 돌을 쥐고 가볼까?" 조약돌을 꼭 쥔 김재인은 마침내 풍선을 스스로 통제하면서 날아갈 거라는 불안감까지 벗어버릴 수 있었고, 등원 길은 다시 유쾌해졌다.

김재인은 꽃잎반 앞에 도착한 뒤 끈에서 자갈을 빼 달라고 내게 부탁했고(자갈의 용도가 끝났다는 걸 잘 이해하고 있었다), 친구들 앞에서 펄쩍펄쩍 뛰며 풍선 자랑을 한 뒤 끈을 놓아줬다. 교실 천장에 매달린 풍선은 생일을 축하하는 작은 장식품이 돼 줬다. 아침 댓바람부터 김재인을 혼냈다면 회사에서 내내 기분이 찝찝했을 나 역시 개운한 하루를 보낸 뒤 저녁에 재회할 수 있었다.

아이도 모르는 사이 스트레스를 받는 요인이 일상 속으로 침투하기 마련이다. 그중에는 관점을 조금만 바꾸면 뜻밖에도 쓱 제거할 수 있는 것들이 많다. 그러기 위한 순서는 먼저 공감하고, 이어 문제 해결을 위한 아이디어로 넘어가는 것이다.

아이를 조종할 때는
불안감 대신 호기심을 이용하자

"이거 안 먹어? 그럼 아빠가 다 먹는다? 그래, 먹어 버리지 뭐!" 식탁에서 흔히 쓰는 표현이다. 아이가 밥숟가락을 제대로 뜨지 않고 딴짓을 할 때 부모가 쓰는 대표적인 전략이다. 아이가 음식을 빼앗길까 봐 재빨리 자기 입에 욱여넣도록 유도하는 것이 이 전략의 목적이라고 할 수 있다.

되짚어 생각해보면, 이 전략은 일종의 협박이다. 실제로는 아이의 것인데, 그렇지 않은 것처럼 이야기하는 것이다. 고작 밥을 먹이기 위해서 아이의 불안감을 조성하는 게 과연 이득인지는 생각해 볼 필요가 있다.

'빼앗기기 싫다'가 아니라 '이 음식이 맛있을 수도 있다'는 생각을 심어주는 편이 낫다. 즉 "이거 먹기 싫어? 아빠가 먼저 조금 먹어봐도 될까? 맛있네. 한 입 나

뉘먹을래?"라고 말하는 것이다. 이렇게 호기심을 유발하며 접근해야 부작용이

없다. 또한 전략이 실패했을 때, '협박'의 경우에는 아이가 울어버리면서 식사시

간을 엉망으로 만들 수 있다. 반면 '호기심 유발'은 실패하더라도 그뿐이지 아이

를 불안하게 만들지 않는다.

　부모가 아이의 머리 꼭대기에서 마음대로 조종하는 건 그리 어렵지 않다. 그때

어떤 수단을 쓰느냐가 문제다. 아이의 불안감을 끄집어내어 이용할 것인가, 아니

면 호기심을 증폭시켜 이용할 것인가? 평화를 원한다면 답은 물론 후자다.

아이는 배울 때가 아니라,
스스로 말할 때 성장한다

TV 프로그램 〈영재발굴단〉은 대부분 공감하기 힘든 내용으로 차 있다. 우리 평범한 아이와 동떨어진 천재들의 기록이니까. 그중에서 나를 비롯한 많은 부모들에게 특히 심금을 울린 건 화학을 좋아하는 8세 어린이의 일화였다. 부모 모두 청각장애가 있고 딱히 사교육을 시키지 않았지만, 검사를 했더니 부모 모두 아이의 재능을 끄집어내주는데 완벽한 역할을 한 100점짜리 부모라는 결과가 나왔다.

부모가 한 일은 '잘 들어주는 것'이었다. 아들이 새로 습득한 지식을 엄마와 아빠에게 이야기하면, 둘은 최선을 다해 들어줬다. 그게 다 였는데, 주 보육자인 어머니는 '지지 표현'에서 100점을 받았고 '합리적인 설명' 부분에서 90점을 받았다. 반면 아들에게 학업 성취를 강요한 측면은 전혀 없었다. 방송에 강조되진 않았지만 '성취에 대한 압력'은 겨우 5점, '간섭'은 아예 0점이었다.

이 에피소드는 감동적일 뿐 아니라, 아이가 스스로 표현할 때 성장한다는 진리를 확인시켜줬다는 점에서 의미가 있었다. 아이의 머리에 억지로 이것저것 집어넣는 게 아니라, 아이 스스로 머리에 있는 것을 정리하고 자신의 언어로 재구성해 말해볼 때 빠른 성장이 일어난다. 이 점은 어른도 마찬가지다. '독서는 사람을 풍요롭게 하고, 글쓰기는 사람을 정교하게 한다'는 유명한 말처럼, 내 몸에 지식을 집어넣는 것 뿐 아니라 그 지식을 밖으로 꺼내 보이는 과정을 거칠 때 두뇌 속에서 지식들이 정리되고 체계를 갖게 된다.

김재인이 아직 갓난아기일 때 이 방송을 접한 뒤, 나는 절대로 딸의 말을 끊지 말자는 원칙을 세웠다. 그리고 이 원칙을 지금까지 그럭저럭 지켜 왔다. 김재인이 하고 싶은 말을 마음껏 뱉도록 권장한 결과, 김재인은 (물론 영재는 전혀 아니지만) 언어 능력의 발달이 빠르게 진행

되고 있다. 김재인의 관심사는 공룡, 고양잇과 동물, 곤충 등으로 이리 저리 뻗어나갔다. 그걸 가지고 특이한 스토리를 많이 만들어내는 것이 김재인의 특징이다. 한때 김재인의 머릿속에는 초식공룡들과 육식공룡들이 각각 학교에 다니면서 경쟁한다는, 호그와트를 연상시키는 수준의 구체적인 세계관이 존재했다. 양쪽 학교의 주인공 공룡들의 구체적인 캐릭터도 줄줄 이어졌다. 단 한 가지 문제, 아빠에게 자꾸 초식공룡 학교의 트리케라톱스 연기를 시키면서 네 발로 기게 만들었다는 점만 빼곤 다 좋았다.

김재인은 나아가 책을 만드는 놀이에 빠지기도 했다. 하고 싶은 이야기를 글과 그림으로 표현한 뒤 그 종이들을 모아 테이프로 붙여 책으로 재구성했다. 습득한 지식을 확인하고, 재구성하고, 그리고, 쓰고, 만드는 행위가 모두 포함된 놀이였다.

적극적 듣기의 전략을 최대한 활용하면, 김재인의 이야기 욕구를 더욱 끄집어낼 수 있었다. 흘려듣는 태도가 아니라 상대를 마주 보면서, 대꾸와 추임새 등 반응을 보여주고, 열심히 들었다는 걸 확인시켜주기 위해 상대의 말을 반복하는 것이다.

적극적 듣기는 아이의 정서를 안정시키는 효과도 있다. 보육자가 자신을 존중한다는 신호로 받아들이기 때문이다. 아이의 이야기가 엉뚱해 보이더라도 "그런 이야기는 그만하고 이 책을 읽어볼래?"라며 중단시키려는 시도는 좋지 않다.

때로는 아이의 공상 속에 담겨 있는 심리를 읽을 수도 있다. 외동딸인 김재인은 친구의 언니와 함께 논 뒤 상상의 언니를 만들어냈다. 그때부터 우리 집에 있는 티라노사우루스 인형이 김재인의 언니 역할을 했다. 언니를 가졌다는 게 부러웠던 모양이다. 그럴 때 "저 티렉스도 우리 가족."이라는 말을 진지하게 받아들여주는 것 역시 지지와 공감의 신호다. 언니를 낳아 줄 수는 없는 거니까.

TIP

경청하는 습관을
길러주는 게임

아이의 말을 잘 들어주는 것도 중요하지만, 한편으로는 아이 역시 남의 말을 경청할 줄 알아야 한다. 부모 말을 무시하며 자기 말만 하는 아이와 무턱대고 싸우지 말고, 보호자가 먼저 "잠깐만."이라고 아이의 말을 끊은 뒤 차분하게 순서를 제안해야 한다. "아빠가 이야기하던 중이었으니까 이거 금방 마치고 재인이가 하려던 말로 이어가도 될까?" 등이 대표적이다.

경청하는 습관을 기르는 쉬운 방법으로 전문가들이 이야기하는 건 게임이다. 말을 끊으면 불리한 게임을 통해 상대 말에 귀 기울이는 경험을 해 보는 것이다. 끝말잇기, 동물 이름 대기 등을 활용할 수 있다. 우리 집은 아내가 주도해서 '나는 누구일까요' 게임을 많이 했다. "나는 재인이의 물건이고요, 그림 그릴 때 쓰고요,

파란색 통에 담겨 있어요. 나는 누구일까요?" 하는 식이다. 사물의 특징을 3, 4가지 정도 이야기하는 내내 상대의 말을 경청해야만 맞힐 수 있는 게임이기 때문에, 귀를 쫑긋 세우고 있는 아이들의 모습을 볼 수 있다. 상대 말을 경청한 뒤에는 스스로 사물을 묘사하는 경험을 번갈아 하기 때문에 여러모로 유아기 발달에 도움 되는 놀이다.

우리 딸에게 경청하는 습관을 길러주는 첫 단계는, 부모가 먼저 타인의 말을 경청하는 것이다. 아빠와 엄마가 서로 말을 무시하는 가정이라면 아이도 자연스럽게 그 태도를 물려받을 것이다.

불알친구와 전화를 끊은 뒤
입조심!

다른 나라 남자들은 어떤지 모르겠지만, 한국 남자들은 어려서부터 모범생이었음에도 욕을 입에 달고 사는 경우가 많다. 결혼 이후에는 한결 잠잠해졌다가 어렸을 때 친구와 오랜만에 통화를 하면 예전 말투가 돌아온다. 나처럼 학창 시절 내내 조용히, 절대 탈선하지 않고, 학교와 집만 오가며 산 애들도 욕은 잘한다. 그래서 친구에게 전화가 오면 "야 X신아. X나 연락도 안하고 X발 뭐했냐?"로 이야기가 시작되는 경우가 많다.

전화는 나가서 받고 들어오더라도, 들어오자마자 그 말투가 남아 있을 수 있으니 조심하자. 나는 아내와 아무런 연애 감정 없는 친구 사이부터부터 알고 지냈기 때문에 그때 쓰던 말투가 아직까지도 남아 있다. 여전히 악의 없는 욕설을 주고받는 관계다. 그래서 까딱 방심해 김재인 앞에서 "야, X나…"라고 이야기를 시작하려다 흠칫 놀라곤 했다.

다행히 김재인은 내가 흘린 욕설을 귀담아들었다가 나중에 활용하진 않았다. 아이들은 알아듣지 못하는 욕설 자체가 아니라 어조에 민감하다. 아무 감정이 실리지 않는 욕설에는 잘 반응하지 않는다. 오히려 조심해야 하는 건 심하지 않은 표현이라도 감정이 실려 있을 경우다. 정말 짜증이 솟구쳐서 진심으로 "에이, 씨!"라고 한 마디 하면, 아이는 그 표현에 깊은 인상을 받고는 곧 따라 할 수 있다. 김재인이 어딘가에서 "에이 씨!"를 배워온 적이 있는데, 어떻게 대해야 하나 한동안 고민했다. 다행히 아무 반응 없이 못 들은 척하자 재미가 없었는지 금방 잊어버렸지만, 만약 잘못 대응했다면 아직까지도 "에이, 씨!"가 입에 붙어 있을 것이다.

장차 또래집단에게 비속어를 배워올 수도 있다. 나는 정말 심한 표현이거나 특정인에 대한 비하 의미가 없다면, 저속한 표현 정도는 또래 문화의 일부라고 보고 어느 정도는 이해할 생각이다. 더 중요한 건 아이의 말에 악의가 담겨 있거나, 남을 얕잡아보는 심리가 반영돼 있을 경우니까.

TIP

아빠는 자녀를 쉽게
겁줄 수 있는 존재다

남자는 어쩔 수 없이 자신의 아버지를 닮는다. 내 아버지는 어렸을 때 굉장히 무서운 존재였다. 많이 때리는 편은 아니었고, 오히려 다정하게 놀아 줄 때도 있었지만, 일단 화를 내면 그 감정만으로도 어린이가 공포를 느끼기에는 충분했다. 아버지가 화를 벌컥 내는 순간부터 절대 대꾸를 할 수 없었다. 그때 내 눈은 뱀 앞에서 굳어버린 생쥐 같았을 것이다.

나도 마찬가지다. 가끔 김재인이 나를 정말 화나게 해서 감정적으로 대할 때가 있다. 그럴 때 김재인은 일단 무섭다며 울음을 터뜨린다. 남자들은 태생적으로 더 폭력적일 가능성이 높거니와 자라면서도 비교적 폭력적인 환경에 자주 노출된다. 내 자식에게는 그러지 말자고 굳게 다짐한 뒤에도 종종 튀어나오는 격렬한 감정에 내가 먼저 놀란다. 내 모습에 놀란 뒤 김재인을 보면, 아니나 다를까 겁먹은 모습으로 궁지에 몰려 있다.

같은 꾸지람이라도 엄마의 말은 아이를 덜 겁준다. 반면 아빠가 분노를 그대로 표출할 때, 아이는 공포를 느낄 뿐 말의 내용은 전혀 알아듣지 못할 가능성이 높다. 그럴 때 내 꾸중은 훈육 효과가 전혀 없다. 한차례 감정이 휘몰아치고 난 뒤 내게 남는 건 자괴감뿐이다.

어린아이는 철저하게 내게 의존하는 존재이며, 내가 부당한 대우를 해도 저항할 줄을 모른다. 그 사실이 보육자를 더욱 폭력적으로 만들기 쉽다. 약자 앞에서 언제든지 강해질 수 있는 치사한 모습이 내 안에 있기에 더욱 조심해야 한다.

화를 내는 방식은 아빠마다 다르다. 나처럼 이성적으로 이야기해보려다 나도 모르는 사이 선을 넘어 분노가 담긴 목소리를 내는 사람도 있을 것이다. 내 목소리에 힘이 들어가서 군대 조교 같은 발성으로 변하면 그게 신호다. 어떤 아빠들은 오히려 화가 치솟을 때 말수가 줄어든다. 화를 가라앉히기 위한 의식처럼 나름의 손동작이 있는 아빠들도 있다. 어느 쪽이든, 아이들은 아빠가 괴물로 변하는 순간을 본능적으로 알아채고 겁에 질리기 시작한다.

아이에게 큰 소리를 내지 않기 위한 몇 가지 요령이 있다. 꾸중하기 전 먼저 한숨을 쉬는 것, 크게 말하기보다는 낮고 위엄 있는 목소리로 빠르게 말하는 것 등이 감정을 자제하기 위한 방법이다. 때론 회사에서 안고 온 스트레스 때문에 아이 앞에서 감정이 터져버릴 때도 있을 것이다. 그럴 땐 차라리 아이가 없는 방에 잠시 가서 베개라도 몇 대 치고 돌아오는 게 낫다. 아이에게 공포의 대상으로 각인되고 싶지 않다면.

없는 사람 취급당할 때
아이는 불쾌감을 느낀다

모든 수다의 화제는 아기다. 아기의 식성, 아기의 성장, 아기의 운동
능력, 아기의 배변 등등. 갓난아기를 데리고 친구나 가족을 만나면 눈
앞의 유모차에서 자고 있는 아이에 대한 이야기만 주야장천 나누게
된다. 아기가 어느덧 어린이가 된 뒤에도 대화 패턴을 유지하다 보면,
어느 날 아이가 항의의 뜻을 밝힐지도 모른다. "아빠, 왜 내 앞에서 내
똥 이야기해?"

다행히 나는 김재인의 언어 능력이 어느 정도 발달한 뒤에는 가급

적 다른 화제로 이야기를 하거나, 김재인 이야기를 할 때 '프라이버시'
에 속하는 건 제외하려 노력했다. 그러나 많은 경우 눈앞의 아이에 대
한 생각밖에 안 나기 때문에(대부분의 부모는 아이에 대한 생각에 사로잡혀
있는 경우가 많으며, 상대방 역시 할 말이 없으면 아이에 대한 이야기부터 꺼내

게 된다) 역시 화제는 아이로 돌아간다. 이때 어지간한 팔불출이 아니고 서야 자식 자랑만 할 수는 없는 노릇이라, 조금 위악적이더라도 자식의 실수나 흠을 들추며 놀리게 되는 경우도 잦다. 그럴 때 아이들은 불쾌함을 느낀다. 예를 들면 "야, ○○○! 너 이모에게 어제 실수한 이야기 해 줘봐. 너 어제 뭐라고 그랬지? 나 참 웃겨서." 같은 말들이다.

유아기는 아직 자아를 형성해가는 과정이다. 말을 알아듣기 시작하면, 아이는 자신의 실수나 배변활동 등이 수다 소재로 쓰이는 데에 거북함을 느끼게 된다. 마치 어른처럼. 이는 자아가 잘 형성되고 있다는 뜻이며, 부모가 자신의 이야기를 함부로 한다고 느낀다면 자존감 형성에 부정적인 영향을 미칠 것이다.

아이가 보는 앞에서 그에 대한 이야기를 함부로 하지 않는 건, 근본적으로 볼 때 '사람으로 취급'하는 것이다. 부모는 자기 자식을 온전한 인간으로 대우하지 않는 경우가 흔하다. 이 아이의 지능과 지식이 어른보다 훨씬 떨어진다는 걸 누구보다 잘 아니까, 자연스러운 일일 수도 있다. 그래서 자식을 무시하기 가장 쉬운 존재가 부모이기도 하다. 어른에 대한 흉을 눈앞에서 보지 않듯이, 아이에게도 똑같이 해 줘야 한다. 그게 사람대접이다.

나아가 어린이집이나 학교 친구에 대한 이야기를 아이 앞에서 함부로 하는 것 역시 금물이다. 흉을 보는 건 물론 금기사항이고, 칭찬도 조심해야 한다. 어린이집 친구를 과도하게 칭찬하면 우리 아이와 비교하는 꼴이 될 수도 있다.

갓난아기 때, 우리 딸은 말 그대로 핏덩어리 같은 존재였다. 혼자 힘으로는 아무것도 할 수 없어서 24시간 내내 양육자가 붙어있어야 하는 존재다. 그러나 어린이가 되면 하루에 몇 시간 정도는 혼자서 보낼 수 있게 되고, 그런 시간을 요구하기도 한다. 이 시기에 함부로 대하면 성인보다 큰 충격을 받을 수 있다. 때로는 자기 아이가 못생겼다는 말을 하면서 못생긴 사물을 빗댄 애칭(감자, 못난이 등)으로 아이를 부르는 부모도 있다. 이런 별명에는 '너의 외모는 엄마 성에 차지 않는다'는 심리가 반영돼 있다. 아이들이 이 맥락을 읽어내는 순간부터 자존감은 뚝 떨어질 것이다.

우리 반 남자애들,
미워 죽겠어

아이가 성장하면 할수록 부모에게도 새로운 세상이 열리는데, 그중에는 친구들과의 갈등도 포함된다. 앞에서 이야기했듯이 김재인은 조금 일찍 친구들과 갈등을 겪고, 그걸 해결하는 과정을 거친 편이었다. 그런데 내 자녀가 갈등이라고 느끼지 못하는 수준임에도 불구하고, 부모의 눈에는 못살게 구는 애가 보일 수 있다. 그럴 때 그 아이를 미워하지 않는 것이 평화를 지키기 위한 기본 조건이다.

특히 아빠들은 딸의 문제에 과몰입하기 쉽다. 내 자녀일 뿐 아니라,

남자로서 여자를 지켜줘야 한다는 생각까지 더해지다 보니 이중의 책임감이 작용하는 것이다. 딸이 남자친구만 생겨도 영 불편해하는 것이 아빠라는 족속(난 이게 농담인 줄 알았는데, 정말로 아빠들은 딸의 남자친구를 의심하고 보는 경향이 있었다)이다. 하물며 딸을 불편하게 하는 '놈'이 있다면? 아무리 멋모르는 미취학 아동이라 해도 그 아이에 대한 적의를 갖게 되는 것이다. 나처럼 여자를 보호할 생각이 별로 없는 남자들은 오히려 괜찮은데, 책임감에 불타는 남자들이 이런 부작용을 겪곤 한다.

물론 아빠가 먼저 딸의 친구를 미워하는 건 불필요한 정도가 아니라, 가져서는 안 되는 감정이다. 보통 남자애들이 그 대상이 되는 경우가 많다. 만 4세 정도 되면 천성이 발현되면서 남자애들이 훨씬 활동적인 놀이를 시작한다. 김재인은 남자애들과 섞여 달리기하고 아무거나 집어던지는 걸 좋아하는 편이지만, 오히려 그럴 때 성별에 따른 차이가 쉽게 관찰된다. 여자아이들은 친구가 던진 쿠션에 맞으면 "나 이거 안 해."라며 방어적인 대응을 하는 반면, 남자아이들은 쿠션에 맞았을 때 "너도 한번 당해봐라."라는 태도로 반격을 하는 경우가 좀 더 흔하다. 결국 딸 가진 부모 입장에서는 '우리 딸에게 물건을 집어던진 그 남자아이'가 눈엣가시처럼 될 수도 있다.

그러나 이건 문제라고 볼 수도 없을뿐더러, 천성과 완력의 차이 때문에 생기는 본능적인 현상이다. 각 남자아이들이 나빠서 그런 거라고 접근하면 잘못된 결론에 다다르게 된다. 어린이집에서 있었던 일이라면 선생님이 중재할 수 있도록 하고, 내가 돌볼 때 생긴 일이라면 한쪽을 혼내기보다 화해할 수 있도록 중재하는 과정이 필요하다.

또한 상대 아이가 내 딸에게 진심으로 사과하지 않는다고 해서 문제 삼을 필요도 없다. '진심으로' 하는 사과란 극히 드물다. 아이든 어른이든 그 짧은 시간 안에 미안한 마음이 우러난다는 건 힘든 일이다. 원래 사과는 진심이든 아니든 했다는 게 중요한 거니까 너무 따지고 들지 않는 것이 좋다.

또한 유도 신문 식의 질문도 문제를 일으킨다. 우리 아이를 불편하게 만드는 친구를 목격했다고 해서, 그 한 장면을 토대로 부모가 먼저 미워하는 감정을 가진 뒤, "재인아, ○○가 너 불편하게 하지?"라는 식으로 질문하는 건 아이에게 그 친구를 미워하라고 부추기는 꼴이나 다름없다.

김재인은 어린이집에서 있었던 일을 매우 구체적으로 기억했다가

미주알고주알 이야기하는 편이다. 그중에는 친구가 자신을 불편하게 했던 일화가 잔뜩 포함돼 있다. 그렇다고 해서 김재인의 친구들이 못됐다고 볼 필요는 전혀 없다. 첫째, 김재인은 기억하지 못할 뿐 그 역시 친구를 불편하게 만들었을 가능성이 높다. 둘째, 불편했던 일화가 있다고 해서 김재인이 그 친구를 싫어하게 된 건 아니다. 오히려 자신을 가장 불편하게 했다고 말한 아이와 나중에 가장 친해지기도 했다. 친한 아이와는 오랜 시간 붙어있기 때문에 그만큼 서로 거슬리는 일화도 많이 생기는 법이다.

TIP

"친구에게 사과해."로
화해를 시킬 수 있을까?

우리 아이가 잘못한 걸로 보일 경우, 부모는 단호하게 도덕을 가르친다는 명분 아래 자기 자식을 다그치곤 한다. "친구에게 사과해!" 혹은 친구가 먼저 사과해 올 경우에는 "'괜찮아'라고 해!"라고 다그친다. 물론 어느 쪽도 제대로 된 사과는 아니다. 게임처럼 사과하기 퀘스트를 깨면 강화 아이템이 하나 떨어지는 것도 아니고, "미안해."와 "괜찮아."가 나왔다고 해서 둘의 사이가 좋아졌을 리 만무하다.

진심으로 사과하게 만들려면 상황을 구체적으로 말하도록 유도하는 것이 정석적인 방법이다. "재인아, 지금 재인이가 지나가면서 친구 팔을 쳤지? 친구가 아파서 화가 날만 해. 일부러 하지 않은 행동이라도 남을 아프게 했으니 사과를 해

볼까?" 아이는 사과해야 하는 상황에서 자존심이 먼저 발동하며 거부하는 경우가 많다. 특히 부모가 얼른 사과하라고 다그칠 경우 '내 편을 들어주지 않는다'라는 느낌만 남는다. 그보다는 이성적인 말투로 차근차근 상황을 설명하는 편이 나았다. 아이가 알아서 진심으로 미안한 마음을 갖는다는 건 매우 드문 일이다.

사실 부모 입장에서 내 자식에게 사과를 종용하는 건, 대부분 상대 아이의 부모에게 눈치가 보여서다. 그럴 때 부모는 내 자식의 기분보다 상대 부모의 기분을 더 신경 쓰고 있는 셈이다. 이래서는 부모 된 도리라고 할 수 없다. 상대 아이의 부모도 상식적인 사람일 거라는 기대를 갖고, 중립적인 입장에서 화해를 주선하자. 아이들이 떠난 뒤 조용히 상대 부모에게 굽신거리는 한이 있어도 내 자식을 거기에 끌어들이는 것은 곤란하다.

신호등 초록불이 깜박일 때
뛰지 않기

신호등 불이 깜박일 때 더 서둘러 뛰어가는 건 한국인만의 문제가 아니다. 미국 만화 〈심슨 가족〉 중 멘사 회원들이 도시 행정을 책임지며 각종 혁신적인 아이디어를 내는 에피소드가 있는데, 그중 한 헛똑똑이의 교통체증 저감 정책은 '초록불을 없애기'였다. 모든 운전자는 노란불을 보면 액셀을 밟아대기 마련이므로, 신호등에 노란불과 빨간불만 있으면 모두가 빨리 달리게 만들 수 있다는 것이다.

걸어갈 때도 마찬가지다. 우린 엄연한 '빨리빨리의 민족'으로서, 횡단보도 초록불이 깜박일 때 일단 뛰고 보는 게 습관처럼 되어 있다. 아이를 키우기 시작하면 이 사소한 습관부터 자제하도록 늘 긴장해야한다.

아이가 4~5세가 되면 교통안전교육을 하기 시작하는데, 횡단보도 건너는 요령은 누가 가르치든 비슷하다. 초록불이 깜박거릴 땐 건너지 말고, 일단 건너기 시작하면 도중에 멈추지 말고, 좌우에 차가 오는지 확인하며, 멈춰 있는 운전자들과 눈을 맞추라는 것이다. 교통안전교육의 중요성은 아무리 강조해도 부족하다. 모든 횡단보도가 스쿨존에 있는 건 아닌 데다, 우회전 차선에서 비보호로 마구 들어오는 차들까지 감안해야 한다.

그런데 부모가 횡단보도에서 서두르기 시작하면 아이는 헷갈린다. 내게는 깜박거릴 때 건너지 말라고 가르쳐 놓고, 막상 우리 아빠는 깜박거리는 초록불을 보며 내 손을 잡아끈다면?

심지어 무단횡단이라면 말할 것도 없다. 어른들은 대부분 아무런 경각심 없이 무단횡단을 하는 지점을 하나씩 갖기 마련이다. 솔직히 나도 있다. 그러나 갓 규칙을 익혀가는 어린아이에게 무단횡단은 상상 이상의 충격이 될 수도 있다. 나는 지금도 최초의 무단횡단이 준 충격을 기억한다. 아버지에게 뭔가 급한 일이 있었기 때문에 무단횡단을 어느 정도 이해할 수 있는 상황이기도 했다. 그런데 뛰어가던 아버지는 어정쩡한 속도로 따라가던 내게 고개를 돌려 벌컥 화를 냈고, 나는 충격을 받았다. 지금에야 안전 때문에 다급한 마음에 한 행동이라는 걸 이해할 수 있지만, 그때는 규칙을 어기라고 시켜놓고 혼까지 냈다는 게 받아들여지지 않았다. 어쩌면 이런 경험들이 쌓이면서 원칙을 무시하는 가치관으로 이어지는지도 모른다.

안전교육의 완성은 부모 스스로 아이에게 지시한 것들을 지키는 모습이다. 부모가 늘 횡단보도 옆에서 함께 한다는 보장이 없기에, 아이 혼자서도 제 몸을 지킬 수 있게 만들어줘야 한다. 한번은 동네 친구들과 뒤섞여 있다가 킥보드를 타고 먼저 떠나버리는 김재인 등 2명을 놓친 적이 있다. 횡단보도까지 열심히 쫓아가 보니, 김재인과 친구가 나란히 정지해 초록불을 기다리고 있었다. 만약 무단횡단하는 어른을 따라 무심결에 횡단보도에 킥보드를 밀어 넣었다면? 상상만 해도 아찔하다.

울지 마

김재인이 태어나기 직전, 베를린 출장에서 본 한 가족의 모습은 내 육아에 적잖은 영향을 미쳤다. 슈니첼 맛집을 찾아 헤매다 보니 독일 주택가를 지나며 동네 구경을 하게 됐는데, 등 뒤에서 서러운 울음소리가 들렸다. 뒤를 돌아보자 어린이가 울고 있는데 그 아버지는 몇 걸음 떨어진 곳에서 차분하게 아들을 바라보며 기다리고 있었다. 그건 울음을 그치라고 다그치는 것도 아니고, 아이의 감정을 무시하는 것도 아니었다. 아이가 스스로 감정을 추스를 수 있도록 기다리는 모습이었다.

아이들은 누구나 자주 운다. 딸의 울음에 어떻게 대처하는 것이 최선인지, 여러 육아 지침을 참고해 나름대로 김재인에게 적용해 본 결과는 다음과 같다.

"누가 그랬어? 할아버지가 그랬어? 할아버지 떼찌!" 주로 말을 갓 배우는 어린이를 달랠 때 노인들이 쓰는 방법이다. 실제론 할아버지 잘못이 아니지만 일단 아무나 죄를 뒤집어씌우면 손주의 화가 좀 풀릴 거라는 생각이 담겨 있다. 잘잘못에 대해 그릇된 인식을 갖게 되므로 추천할 만한 방법이 아니다.

"잘 했어. 잘 했는데 왜 울어?" 자녀의 마음에 공감하지 못한 경우다. 결과물이 괜찮을 때도 아이는 서러울 수 있다. 대표적인 상황으로는 부모가 다그쳤다거나, 경쟁자에게 밀렸거나, 혹은 다 만든 뒤 자랑하고 싶었는데 부모가 관심을 가져주지 않았을 때 등등이 있다. 모두 결과물의 점수와는 관련 없는 눈물인데 "잘 했다."는 말로 달래는 건 무의미하다.

"울지 마." 라는 말은 누구나 쓰는 표현이지만, 나는 이 말을 하지 않기로 다짐했다. 울고 싶을 때는 울어야 하니까. 사실 눈물이 터진 어린이에게 뚝 그치라고 말한다고 해서 당장 그치는 경우는 거의 없다.

그럴 때 오히려 "서럽구나. 울고 싶은 만큼 울고 나서 아빠와 이야기하자."라고 해 주면, 생각보다 빠르게 울음을 멈추고 대화하려는 태도를 보이는 경우가 많다.

울도록 내버려 두는 것에도 종류가 있다. 아이가 서러울 만한 상황일 때, 특히 나 때문일 때는 그 마음에 공감하려는 태도를 보이며 기다린다. 반면 아이가 억지를 부리고 있어 훈육이 필요한 상황일 때는 지금 너의 마음에 공감할 수 없다는 것을 확실히 한 뒤 거리를 두고 기다린다. 낮고 감정 없는 어조로 "다 울고 나면 아빠가 왜 재인이 잘못인지 이야기해 줄게. 마음의 준비가 되면 말해 줘."라고 말하면 잠시 후 스스로 감정을 추스르고 다가올 것이다. 거리를 두고 훈육을 마친 뒤, 잘 알아들었는지 확인하고 꼭 안아주는 게 내 순서다.

공공장소에서 아이가 울기 시작했을 경우, 부모는 주위 사람들의 시선을 의식하기 마련이다. 우리 사회는 우는 아이에 대한 관용이 별로 없는 편이다. 인터넷 게시판에는 '우는 아이 방치하는 부모'에 대한 비난이 가끔 올라온다. 마트 직원이 껴들어서 "아이고~ 애를 울리면 어떻게 해? 아빠라서 달랠 줄도 모르는구먼? 착하지 아가야…"라며 참견하기 시작한다면 그야말로 최악이다.

　사람 많은 곳에서 아이가 울기 시작한다면, 부모가 먼저 당황해서 그치라고 다그치기보다 울음을 멈출 때까지 기다려주는 게 낫다. 아이가 주위 시선을 부끄러워한다면 조용히 인적 드문 곳으로 데려가 진정시키고, 그다음 훈육하면 된다. 딱히 피할 곳이 없을 때 아이와 내 얼굴을 맞대고 두 손으로 주변을 가려서 내게 집중시키는 방법을 써봤는데, 그럭저럭 효과가 있었다.

망태 할아버지,
아이에겐 진짜 공포의 대상일 수도

만화 속 어린이들은 몬스터를 보고도 무서운 줄 모른다. 그러나 아이를 길러보면 이 클리셰가 얼마나 말도 안 되는지 알 수 있다. 대체로 어린이들은 겁이 엄청나게 많다. 특히 여자아이들이 더한데, 김재인의 친구 중에는 15cm 높이에서 뛰어내리지 못해 바들바들 떠는 아이도 있었다. '뛰어내린다'는 생각이 드는 순간 일단 무서운 모양이다.

여기에 아이들 특유의 비상한 상상력까지 더해지면, 부모가 겁을 주려고 만들어낸 상상의 존재들은 엄청난 공포가 되어 다가갈 수도 있다. 그래서 망태 할아버지는 진지한 공포의 대상이다. 어른들은 대수롭지 않은 말투로 "엄마 말 안 들으면 망태 할아버지가 잡아간다."라고 말하지만, 사실 아이들은 매우 진지하게 겁을 내는 것이다. 이 점에 주목해 본다면, 망태 할아버지를 들먹이는 건 어린아이들에게 진지한 협박이다. 장난이 아닌 것이다.

무서운 것을 접한 날, 김재인은 꿈에서 공포를 다시 경험하곤 한다. 잠꼬대를 들어보면 "고양이 안 돼…"라든가 "눈 괴물 저리 가…" 등이 자주 포함돼 있다. 꿈에서 공포를 잘 되새긴 뒤 받아넘겼다면 문제가 없지만, 조금 심약한 아이라면 악몽을 꾸면서 사시나무 떨듯 떨 수도 있다.

돌이켜보면, 나는 혼자 자기 시작했던 초등학교 저학년 시절 온갖 귀신들이 쳐들어올 거라는 상상을 쫓아내느라 한참을 씨름한 뒤에야 잠들 수 있었다. 학교에서 돌아오는 길이면 어둑한 숲길을 혼자 걸어야 했는데 그때도 귀신, 외계인 등 온갖 무서운 것들이 떠오르는 내 머릿속을 통제할 수 없었다.

망태 할아버지 전략이 통한다는 건, 아이가 진짜로 무서움을 느낀다는 뜻이다. 상상의 존재에 대한 공포가 쌓이다 보면 점점 겁쟁이가 될 수도 있다. 모리스 센닥의 그림책 《괴물들이 사는 나라》와 픽사의 애니메이션 〈몬스터 주식회사〉는 어린이 독자(또는 관객)들이 괴물에 친숙함을 느끼며 공포를 떨쳐내도록 유도하고 있다. 공포를 유발하는 것보다는 직면하고 삼키게 해주는 편이 낫다.

최초의 거짓말은
혼낼 일이 아니다

우리 아이가 거짓말을 하기 시작했는데 어쩌면 좋을까요? 많은 부모가 한 번쯤 갖는 의문이다. 이 질문에 대한 전문가들의 답은 늘 비슷하다.

"거짓말을 하기 시작하는 건 나쁜 게 아니라, 그만큼 성장했다는 뜻입니다. 걱정하지 마세요."

거짓말을 할 수 있게 되려면 여러 가지 사고가 발달되어야 한다. 금기를 알 수 있어야 하고, 금기를 저질렀을 때 자신에게 일어날 불쾌한 일을 상상해볼 수 있어야 하고, 가짜 아이디어를 떠올린 뒤 그럴싸하게 조직해내는 두뇌활동도 필요하다.

거짓말은 당연히 나쁜 것이므로, 거짓말을 하는 자녀에게는 무관용 원칙을 적용하는 부모가 많다. 그러나 거짓말 역시 성장의 한 단계라는 점을 감안한다면 '거짓말하는 아이'가 아니라 '거짓말이라는 행위'가 나쁘다는 걸 분리해서 인식할 필요가 있다. "아빠에게 거짓말 하면 나쁜 어린이야."라는 말과 "지금처럼 거짓말을 하는 건 나쁜 행동이야." 사이에는 은근히 큰 차이가 있다.

또한 거짓말이라고 해서 무조건 나쁘다고 주입하는 걸 넘어, 왜 나쁜지 지속적으로 설명하고 설득하는 과정이 요구된다. 대부분의 거짓말은 불필요하다는 점을 부각시키는 것도 좋다. "재인이가 방금 물을 엎지르지 않았다고 했는데, 사실 엎질렀어도 별로 혼내지 않았을 거야. 그러니까 솔직하게 이야기해 줘도 돼."

거짓말에 대한 훈육은 평소 아이를 잘 관찰해야만 가능하다. 딸이 내 시야 바깥에서 뭔가 잘못을 저지른 뒤 거짓말을 했다면, 내 입장에서는 진위를 판별하는 게 참 어렵다. 짐작건대 요 녀석이 거짓말을 하는 것이 틀림없지만, 만약 거짓말이 아니라면? "너 지금 거짓말인

거 아빠가 다 알아."라고 했다가 아이가 진심으로 억울해한다면 상

처를 받을 수도 있다. 결국 아이를 잘 꿰뚫어보려면 심리와 행동거지

를 잘 이해하고 있어야 한다. 김재인이 다가오는 표정만 보고도 거짓

말을 할 것이라는 걸 알아차렸을 때, 부모로서 성공했다는 묘한 쾌감
이 있다.

어린이의 슬픔을
무시하지 말자

어른들은 어린이가 자기감정에 대해 이야기할 때 진지하게 대하기보다는 마냥 귀여워하는 경향이 있다. 특히 고차원적인 감정일 경우에 더욱 심하다. 딸이 "아빠, 나 철수를 사랑하는 것 같아. 엄마가 아빠를 사랑한다고 했을 때처럼."이라고 말했을 때 그 '사랑'을 진지한 것으로 대해주기란 너무나도 어려운 일이다. 듣자마자 웃음이 터질 수밖에 없는 소리다.

그렇다면 슬픔은 어떨까? 어른들이 흔히 저지르는 실수 중 하나는

"어린애한테 슬픈 게 어디 있어?"라며 슬프다는 말을 대수롭지 않게 넘기는 것이다. 또는 "우리 딸이 겨우 3살인데 슬프다는 말을 했어. 어린이는 벌써 그런 감정을 알아선 안 돼."라고 반응할 수도 있다. 그러나 여러 아동심리학 연구를 통해 감정을 여러 개로 세분해봤더니, 슬픔은 기초적인 감정이며 또한 일찍 형성되는 감정에 속했다. 심지어 동물들도 슬픔을 느끼는 것이 발견될 정도였다. 감정을 분류한 대표적인 학자 로버트 플루치크 역시 8대 기본 감정 중 슬픔을 포함시켰다. 여러 감정이 복합돼야 느낄 수 있는 고차원적인 감정으로는 사랑, 경외심, 회한, 경멸 등이 있었다.

최소한의 지능이 발달하기만 했다면, 어린이도 얼마든지 슬퍼할 수 있다. 아이의 슬픔은 섬세하게 다뤄져야 한다. 플루치크의 분석에 따르면 잃어버린 걸 복구하고 싶은 생존본능이 슬픔을 낳는다고 한다. 현대사회로 바꿔보면 내 장난감을 친구가 가져가버렸을 때, 하고 싶은 일을 빼앗겼을 때, 부모의 사랑이 내가 아닌 다른 곳으로 향한다고 느꼈을 때 아이들은 슬픔을 느낀다. 매우 어릴 때부터 흔히 겪는 감정이다.

김재인은 비교적 여리고, 감정을 섬세하게 표현하는 편이다. 직접 "슬프다."라는 표현을 하지 않아도 눈빛을 보면 슬프다는 걸 직감할 때가 있다. 처음에는 아이의 눈에 슬픔이 스쳐 지나갈 때 당황했다. '아니, 3살짜리가 왜 저렇게 슬픈 눈을 하고 있지?' 그러나 이제는 아무리 어린아이라도 얼마든지 슬퍼할 수 있다는 걸 인정하고, 그 감정을 진지하게 다뤄주고 있다. 아이 입장에서는 자기감정을 무시하는 사람보다 인정해 주는 사람에게 더 친밀감을 느끼는 게 당연하다.

어린아이의 원초적인 슬픔을 보는 건 어른에게도 새삼 자신을 되돌아볼 수 있는 기회다. 어린이라면 단순하게 슬퍼할 상황에서도 어른들은 자책, 경멸, 죄책감, 절망, 비관 등 더 복잡한 감정을 느끼는 경우가 많다. 이런 점까지 감안한다면, 슬픔은 오히려 어린이들의 것이지 어른들의 것이 아니라는 결론에 도달한다.

어린이의 슬픔을 다룬 책은 '할머니와의 이별' '강아지의 죽음' 등 매우 강렬한 상황을 상정하는 경우가 많다. 그러나 슬픈 상황은 일상 곳곳에 도사리고 있다. 친한 친구와 싸워서 한동안 말을 안 했을 때, 아빠에게 해주고 싶은 말이 있었는데 아빠가 건성으로 듣고 가버렸을 때, 좋아하는 반찬을 준다기에 한참 동안 기대했는데 예고 없이 다른 반찬으로 바뀌었을 때 등등. 아이는 수시로 슬퍼할 수 있으며, 그것이 정상이다.

〈인사이드 아웃〉에 등장한
어린이의 감정 세계

앞에서 언급한 플루치크의 분류법에 따르면 8가지 기본 감정이 우리 마음을 구성한다. 이는 분노, 공포, 슬픔, 혐오, 놀람, 기대, 신뢰, 기쁨 등이다. 각 기본 감정은 격렬함의 정도에 따라 여러 개로 나눠질 수 있다. 예를 들어 혐오의 '약한 버전'은 지루함이고, '강한 버전'은 증오다. 또한 여러 기본 감정이 결합해 복합 감정을 형성하기도 한다. 기쁨과 신뢰가 결합됐을 때 느낄 수 있는 사랑, 공포와 슬픔이 결합되면 느낄 수 있는 절망 등이다. 어린이들이 자주 느끼는 호기심과 수치심도 이중 감정에 들어가 있는 걸 볼 수 있다.

어린이의 마음속 감정들을 아예 캐릭터로 만들어 낸 애니메이션 〈인사이드 아웃〉은 의인화된 5명의 감정을 등장시켰다. 기쁨이, 슬픔이, 버럭이, 소심이, 까

칠이다. 이 영화는 심리학자 폴 에크만의 이론에 기반을 두고 마음속 지도를 그렸다. 에크만은 기본 감정을 6개로 분류했는데 이는 기쁨, 슬픔, 화남, 공포, 놀람, 혐오다. 이 감정 중 공포와 놀람이 소심이 한 명에게 투영됐다고 보면 캐릭터들과 일치한다.

〈인사이드 아웃〉은 그 밖에도 어린이 심리의 여러 요소들을 만화의 소재로 잘 옮겨뒀다. 낮에 다양한 기억을 만든 뒤 밤에 꿈으로 되새김질하며 장기기억으로 저장한다는 것, 기억 중 오래 보관할 것과 폐기할 것이 골라지는 것 등은 인간의 기억 과정에 대한 가장 널리 알려진 이론대로다. 나쁜 생각을 감당하지 못할 때 '추상화'를 시켜서 회피하는 것도 어린이의 뇌 속에서 일어나는 현상 그대로다. 특히, 즐거운 일만 가득했던 어린 시절을 지나 사춘기가 되면 슬픔과 기쁨이 뒤섞인 새로운 감정들을 다룰 줄 아는 성인으로 성장한다는 전체 내용이 그렇다.

픽사의 애니메이션이 흔히 그렇듯, 〈인사이드 아웃〉 역시 부모가 된 뒤 보면 더욱 눈물이 나는 작품이다. 다만 〈니모를 찾아서〉나 〈코코〉가 가족관계를 다루고 있기 때문에 눈물을 뽑는 반면, 〈인사이드 아웃〉은 내가 어려서 겪었으며 딸 역시 앞으로 겪어야 할 감정의 격랑을 보여준다는 점에서 차이가 있다.

극도로 흥분한 순간
간지럼을 멈춰라

김재인과 놀아줄 때 당혹스러웠던 건, 가장 신나는 놀이가 어느 순간 눈물바다로 변해버린다는 것이다. 방금까지만 해도 간지럼을 태우며 까르륵 소리를 들었는데, 이상하게 잠잠한 것 같아 표정을 살펴보면 어느새 눈물이 그렁그렁하다. 아빠 입장에선 '왜? 내가 뭘 잘못했다고 울어?'라는 억울함이 절로 생겨난다. 김재인만 특이한 건가 싶어 여자아이들과 놀아주면서 몇 명을 관찰해봤는데 대충 비슷했다.

남자아이를 상대할 때와 여자아이를 상대할 때의 단적인 차이가

114

이 점이다. 남자애들은 극도로 흥분했을 때 끝없이 웃음이 뻗어나간다. 한껏 신나게 만들면 흥분을 주체하지 못할 정도로 깔깔거리고, 그러다 쓰러져 자기도 한다. 그러나 여자애들은 나가떨어질 때까지 흥분하기가 쉽지 않다. 어느 정도 흥분했다가도 다시 차분한 놀이로 돌아가려는 성향이 강하다. 흥분상태가 너무 오래 지속되면 눈물을 터뜨리는 경우도 많이 보인다.

좋은 흥분과 나쁜 흥분은 종이 한 장 차이라는 걸 알게 됐다. '웃겨서 쓰러지기 직전'과 '흥분을 주체하지 못해 울음을 터뜨리기 직전' 모두 풍선에 바람을 가득 채우듯 정서적으로 팽팽해진 상태라는 점에서 비슷하다.

반대로 생각하면 우는 상태를 웃는 상태로 바꾸는 것 역시 뜻밖에 간단할 때가 있다. 울고 있는 아이를 간질여서 억지로 웃기는 건 힘들지만, 뭔가 계기가 마련된다면 자신도 모르게 웃음을 터뜨리는 딸을 자주 보게 된다. 울다가 웃으면 엉덩이에 뿔난다는 이야기가 괜히 있는 게 아니다. 우는 것과 웃는 것이 비슷한 심리상태라 생긴 속담이었다.

그러므로 '오늘 한번 끝까지 가 보자'라는 태도로 놀아주는 건, 남자아이들에겐 잘 통하지만 여자아이들에게는 비교적 안 통한다. 자극의 강도를 끝없이 올리는 것보다는 적당한 자극을 오래 지속시키는 게 낫다.

"아빠 말 들어야지."가
없는 집

김재인도 매년 어린이집에서 산타 할아버지를 만난다. 물론 산타가 들고 올 선물과 카드는 부모가 몰래 어린이집에 전달해야 하는데(독자 여러분은 자녀가 이 책을 읽는 불상사가 없도록 하시길 바란다), 크리스마스 카드에 쓰지 않는 표현이 있다. '엄마 아빠 말을 잘 들어야 한다.'라는 표현이다.

"아빠 말 들어."라는 말을 쓰지 않으려 노력한다. 물론 김재인이 내 제안대로 순순히 따라와 주면 피차 편하다. 그러나 더 편하고 좋은 건 김재인의 제안이다. 김재인이 먼저 하고 싶은 놀이를 이야기하고, 배우고 싶은 것을 요청하고, 가고 싶은 곳을 정하는 것이 더 즐겁다(음식만 빼고. 집에 없는 걸 만들어달라고 하면 곤란하다). 김재인이 내 말에 복종해야 할 때도 많지만, 그것은 내 말이 상식에 맞는 '규칙'이기 때문이지, '아빠의 말'이라서가 아니다.

아이들이 지켜야 하는 건 부모의 말이 아니라 규칙이다. 그런 집을 만들기 위해서는 끊임없는 노력이 필요하다. 새로운 지시를 할 때마다 왜 이것이 규칙이 될 만한지, 왜 따라야 하는지 설명을 해야 하기 때문이다. 이유 불문하고 아빠 말대로 하는 아이보다 이유를 따지는 아이가 더 피곤할 것이다. 그러나 피곤한 만큼 성장이 빠르고, 그만큼 주체적일 거라고 기대한다면 노력을 기울일 가치가 있다.

김재인이 벌써 어른처럼 대화할 줄 안다는 건 아니다. 이 단락을 쓰는 시점에 생후 53개월인 김재인은 아직 자신의 의견을 논리정연하게 말하는 데 어려움을 겪으며, 부모의 말에 반박하고 싶을 때도 이유를 잘 대지 못한다. 그래도 괜찮다. 최소한 논리적으로 말하려는 시도는 이미 시작됐기 때문이다. 부모가 먼저 논리적으로 말을 걸어주면, 시간이 흐른 뒤 아이도 한결 논리정연하게 자기주장을 밝힐 수 있게 될 것이다. 내 세대에는 가족 간의 논리적인 의견 조율이라는 게 아예 존재하지 않는 집도 많았다. 자식은 잠자코 부모 말을 듣거나, 그냥 반항하거나 둘 중 하나였다. 나와 김재인의 관계는 둘 다 아니었으면 한다. 몇 년 뒤 합리적인 청소년으로 자랄 김재인을 기대하며, 나는 오늘도 "아빠 말 들어야지."라는 표현을 쓰지 않기 위해 조심하고 있다.

"안 돼."와 "하지 마." 없이
대화가 가능해?

  '부정적인 말을 쓰지 않고 육아하기'는 미국에서 먼저 유행한 뒤 한국에도 조금씩 퍼졌던 육아 원칙이다. 미국의 부모가 "No."를 쓰지 않기 위해 노력하는 동안, 한국의 부모는 "하지 마."와 "안 돼."를 쓰지 않기 위해 노력한다. 먼저 시도해 본 입장에서 말씀드리자면, 엄청나게 어렵다.

  첫 단계는 내가 "하지 마."와 "안 돼."를 얼마나 자주 쓰는지 헤아려 보는 것이다. 만약 부정적인 표현에 신경 쓰지 않고 육아를 해 왔다면,

내일 한 번 횟수를 세어보시기 바란다. 상상 이상으로 부정적인 표현이 자주 튀어나온다는 점에 깜짝 놀랄 수도 있다. 부정적 표현이 긍정적 표현보다 훨씬 많은 집이 흔하다.

"하지 마."를 긍정적인 표현으로 바꾸는 건 그리 어렵지 않지만, 하루 종일 여기 신경 쓰는 건 상당히 피곤하다. 익숙해지기도 힘들다. "하지 마." 대신 대체 행동을 권유하는 표현을 써야 하는데, 예를 들어 "손으로 먹지 마." 대신 "포크를 써 볼까?"가 나와야 한다. 후다닥 뛰는 아이를 보면 "뛰지 마."가 반사적으로 나오기 마련인데, 그때 0.5초 생각한 뒤 "걸어가자."로 바꿔 말해야 한다. 입에 밴 언어습관을 자제한다는 건 스트레스 받는 일이다.

늘 구체적인 표현을 쓰는 습관을 기르면 부정적인 표현을 줄일 수 있다. 컵을 기울이는 아이에게 "하지 마."라고 한 마디만 던지는 게 아니라, "재인아 그렇게 기울이면 흘릴 수 있어." 등 구체적으로 말해주면 자연스럽게 '금지'가 아니라 '설명'을 하게 된다.

"안 돼."를 쓸 수밖에 없는 상황이 늘 찾아오지만, 그럴 때 긍정적인 반응을 더해주는 것도 필요하다. "상처 긁지 마."에서 그치지 않고, 정해진 시간만큼 긁지 않기로 한 약속을 지키면 충분히 칭찬을 해 주는

것이다. 나는 어렸을 때 부모님과 사소한 약속을 한 적이 별로 없었다.

김재인과 여러 가지 약속을 해 보니, 뜻밖에도 아이는 약속을 지키려

나름의 노력을 한다는 걸 알게 됐다. 약속을 지켜냈다고 내게 자랑스

럽게 이야기할 때는 분명한 성취감이 전달된다.

때로는 그냥 규칙을 만들지 말고 넘어갈 필요도 있다. "여기서 조금만 놀다 가면 안 돼?"라는 질문에 번번이 "안 돼."로 받기보다는, 오늘 저녁 일정이 망가지더라도 그냥 놀게 내버려 두는 것이다. 실제로 김재인이 "왜 아빠는 매번 놀다 가면 안 된다고 해?"라고 항변하는 걸 들으면서 "안 돼."가 아이의 불만을 키운다는 걸 깨달았다. 특히 아이가 항변할 때 부모가 짜증을 내거나 무시하는 건 금물이다. 전문가들은 아이의 말이 맞을 때는 부모가 인정해 줘야 한다고 강조한다. 사실 전문가가 아니라도 누구나 알 수 있는 원칙이지만, 막상 아이를 키우다 보면 지키기 어려운 원칙이기도 하다. 부모에게는 자식을 내 명령대로 굴복시키고 싶은 욕구가 있다. 때로는 아이를 위한 말이 아니라 내 기분대로 말한다는 걸 스스로가 먼저 직시할 필요가 있다.

CHAPTER 3

아빠라서 할 수 있는 것,
아빠라서 할 수 없는 것

남자 화장실에도
기저귀 갈이대가 필요해

김재인의 기저귀를 가는 건 보통 내 담당이었다. 외출 중 김재인의 기저귀가 묵직해지면 내가 들어 안고 공중 화장실로 향했다. 그때 알게 된 건, 남자 화장실에는 영유아를 위한 시설이 좀처럼 없다는 것이었다. 아직 아이가 없는 독자를 위해 설명하자면 기저귀 갈이대는 벽에 설치해 접어두기 때문에 공간을 차지하지 않는다. 약간의 예산만 있다면 어느 화장실이건 설치 가능하다. 돈보다는 관심과 인식의 문제였다.

기저귀를 갈고 아이를 돌볼 수 있는 방이 따로 마련되어 있는 건물

도 있다. 그러나 황당하게도, 몇몇 건물은 아기 돌보는 방을 여자 화장

실의 부속 시설처럼 배치했다. 남자가 들어가기 굉장히 까다로운 구

조였다. 한번은 아기 돌보는 방이 버젓이 있는데도 남자 화장실의 대

변기 뚜껑 위에서 기저귀를 갈아야 했던 적도 있다. 이런 일이 반복되

다 보니, 아이가 그 어디에도 닿지 않도록 거의 공중에 들고 기저귀를

가는 기술을 습득했다. 아기 휴식 및 기저귀 갈이방이 수유실과 연결 돼 있을 때도 난감하다. 커튼 하나 너머로 수유 중인 엄마가 있다면, 남자가 그 공간에 들어가는 건 서로 당황스러운 일이다.

김재인이 갓난아기였던 시절과 지금은 많이 변했다. 재건축이 끊이지 않는 서울인지라 고작 3년 동안 많은 건물이 들어섰고 그만큼 많은 공중 화장실이 생겼는데, 요즘 화장실은 과거에 비해 공동육아를 전제로 만든 경우가 더 많다.

아예 가족 화장실이 있는 시설도 점점 늘어나고 있다. 남자 화장실과 여자 화장실 사이에 작은 화장실을 하나 더 만들어서 부모가 아이의 용변을 직접 도울 수 있도록 한 것이다. 예를 들어 서울시는 2008년부터 2014년까지 공원 내 여러 화장실에 어린이 전용 변기나 가족 화장실을 설치하는 사업을 벌였다. 지금 기저귀를 가는 아빠들은 나보다는 더 청결한 환경을 누릴 수 있을 것이다.

기저귀 갈이대를 못 쓰는 것이 큰 불편은 아니었다. 더 근본적인 문제는, 저 화장실을 설계하고 허가한 사람들 모두 '화장실에 들어가서 기저귀를 가는 건 엄마만 하는 일'이라고 가정했다는 것이다. 아빠 혼자 아이를 데리고 나오거나, 부부가 함께 나왔을 때도 남자가 기저귀 갈이를 담당한다는 건 생각하지 못했다는 뜻이다. 육아는 엄마의 일이라는 오랜 고정관념이 화장실 구조에도 반영되어 있다. 이런 사정은 다른 나라도 마찬가지다. 미국에서는 2015년 미국의 인기 배우 애시튼 커쳐(배우로서는 백치미 이미지지만, 아동 인권 관련 단체를 운영하는 활동가의 면모도 있다)가 남자 화장실 기저귀 갈이대 설치 청원을 시작해 몇몇 대형 체인점의 설치 약속을 이끌어냈다.

'아빠 혼자 아이를 돌본다는 걸 상상도 못 하는 사회'를 가장 극단적으로 보여주는 것이 미혼부 문제다. 미혼모보다는 소수지만 적잖은 미혼부가 엄마 없는 아이를 혼자 키우고 있다. 과거에는 미혼부 자녀의 출생신고가 거의 불가능했고, 2015년 이를 돕는 '사랑이법'이 시행됐지만 여전히 복잡한 절차 때문에 성공률이 높지 않다고 한다. 출생신고가 안 된 아이는 아동수당 등 혜택을 받을 수 없고, 나중에 방치되고 학대되더라도 이를 찾기 힘들어진다.

우리 사회는 아빠 혼자 딸을 데리고 다닐 수 있다는 걸 아예 무시한 채 오랜 시간을 보냈다. 대중목욕탕도 그렇다. 법적으로 만 5세까지는 남자아이가 여탕을, 여자아이가 남탕을 이용할 수 있게 되어 있다. 많은 남아들이 엄마 손을 잡고 여탕에 간다. 한국에 이런 문화가 생긴 건 엄마 혼자 아들을 돌보다가 목욕탕에 가는 경우가 흔했기 때문일 것이다. 심지어 부모가 함께 목욕탕에 갔는데도, 아빠가 '갓난아기 돌보기 무섭다'며 아내에게 맡기는 경우가 여전히 있다. 남자 어린이들이 여탕 안을 버젓이 활보하는 일본 문화의 영향일지도 모르겠다.

반면 여자아이가 아빠와 함께 남탕에 가는 일은 훨씬 드물뿐더러 문화적으로 금기시되고, 일부 목욕탕은 아예 '남탕에 여아를 받지 않는다'는 자체 규정을 갖고 있다. 나도 별 불만은 없다. 다만 왜 성별에 따른 차이가 있는지는 생각해 볼 만한 문제다. 나처럼 가도 그만, 안 가도 그만인 사람과 달리, 엄마의 몸이 불편하거나, 아빠 혼자 딸을 돌보는 집에서는 딸뿐 아니라 아빠까지도 목욕탕을 갈 수 없다는 이야기가 된다. 별것 아니라고 생각하기 쉽지만 여자아이 중에서는 욕조에서 노는 걸 아주 좋아하는 아이가 흔하고, 욕조가 없는 집도 흔하다. 남자아이가 목욕탕에서 깨끗이 씻고 노는 반면, 같은 나이의 여자아이는 그 기회를 잃어버리는 것이다.

아빠가 딸을 키우다 보면 이처럼 '육아 사각지대'가 존재한다는 걸 종종 느끼게 된다. '맘키즈 클럽'에 가입된 나도, '녹색어머니회' 활동에 불려가는 선배 아빠들도, 어느새 엄마라는 이름표를 달고 있다.

뜻밖의 배변 교육 최종 미션, 남자 화장실 쓰기

주말을 통해 딸과 둘만의 시간을 보내게 된 당신, 이틀 내내 집에 있을 것인가? 총 6끼를 해 먹이는 것도 지겹고, 요리와 설거지를 하는 동안 딸을 혼자 놀게 만드는 것도 달갑잖다. 놀러 올 친구도 없다. 그럴 땐 나가야 한다. 키즈카페도 좋고 놀이터도 좋다. 나가는 것이다.

그런데 딸이 화장실에 가고 싶어 한다면? 가족 화장실이 마련된 일부 시설을 제외하면, 딸은 아빠를 따라 남자 화장실에 가야 한다. 공중화장실을 혼자 이용할 수 있을 만큼 성장하기 전까지는 어쩔 수 없다.

아저씨가 득실대는 공간에 들어간다는 것 자체가 첫 번째 난관이다. 보통 어린이들은 남녀를 막론하고 아저씨들을 무서워하는 경향이 있다. 왜 나이 든 여자보다 나이 든 남자를 더 무서워할까? 그 이유를 고민한 끝에 내 나름대로 찾은 결론은 태도 때문인 것 같았다. 일반적으로 여자들이 처음 보는 어린이에게 친절하게 대해주며, 몸동작과 말투도 어린이들에겐 더 부드럽게 다가온다. 아주머니에게서 공격성을 덜 느끼니까 쉽게 다가가는 것이다.

김재인은 이 문제 때문에 배변 교육이 약간 지연되는 고충을 겪었다. 처음엔 괜찮았는데, 공원 화장실에서 벌레를 본 사건을 계기로 남자 화장실에 대한 거부감이 생기자 곧 배변 자체에 대한 거부감으로 이어졌다. 공중 화장실은 '낯설고 두려운 곳'이 됐다. 가장 난감했던 시절이다. 아이가 언제든 실례를 할 수 있다고 생각하니 외출 내내 스트레스가 밀려왔다. 그렇다고 이미 뗀 기저귀를 다시 채울 수도 없었다.

그러나 나 혼자 끙끙대던 문제는 아내가 바쁜 일을 마치고 육아에 합류하자 곧바로 해결됐다. 아내의 손을 잡고 여자 화장실에 순순히 들어갔다 나오니까 거부감이 싹 사라졌다. 그 뒤로는 남자 화장실을 꺼리는 문제도 확실히 개선됐고, 배변 교육을 쉽게 마칠 수 있었다.

배변 교육을 갓 시작한 시기는 성별을 떠나 공중 화장실 이용이 가장 불편한 시기이기도 하다. 공중 화장실을 설계하는 사람들은 만 2~4세 아이를 아예 무시한 것 같다. 갓난아기의 용변은 기저귀 갈이대가 해결해 주고, 갓난아이를 둔 부모의 용변은 화장실 안에 어린이를 앉힐 수 있는 작은 의자를 설치해 해결해 준다. 그런데 3, 4세 아이들에게 필요한 어린이용 변기는 찾아보기 힘들다. 별도의 변기까지는 필요 없다. 성인용 좌변기 중 딱 한 칸에 어린이용 커버를 추가 부착하면 되는데, 없는 화장실이 훨씬 많다. 이 시기의 아이와 함께 외출했다면, 다른 건 몰라도 휴대용 유아 변기커버만큼은 꼭 지참해야 한다. 그러면 청결 문제에서도 한결 자유로워진다.

아이를 공중 화장실에 혼자 들여보내는 건 괜찮다는 확신이 설 때까지 계속 미뤄야 하는 일이었다. 만약 아이가 여자 화장실 안에서 곤란을 겪는다면, 내가 들어가서 해결하는 게 불가능하기 때문이다. 그러던 어느 날 백화점 남자 화장실을 향해 가다가, 문득 김재인에게 "혼자 쉬 하고 올 수 있겠어?"라고 물어보니 당연히 할 수 있다는 대답이 돌아왔다. 여자 화장실 입구에서 나름대로 최대한 떨어져서(그러나 너

무 멀지 않은 곳에서) 기다리는데, 김재인이 뻔뻔하게도 안에서 만난 어른과 종알종알 이야기하는 소리가 들렸다. 곧 대수롭지 않다는 듯 혼자 소변을 보고 나오는 아이를 보면서 또 한 번 성장을 확인했다. 딸을 가진 아빠들에게는 이때가 배변 교육의 진정한 마무리라고 할 수 있다.

너는 킥보드를 타라, 나는 뛸 테니

한국은 남녀노소 가리지 않고 평균적인 운동 부족을 겪다가, 최근에야 생활체육이 확산되고 있는 나라다. 요즘은 러닝 크루 문화가 생기면서 집 앞 공원의 밤 풍경이 확 달라졌다. 그러나 노동시간이 길다는 치명적인 문제 때문에 큰맘 먹지 않으면 제대로 운동을 시작하기 어렵다. 일과 육아를 병행하기 시작하면 운동은 언감생심이다.

어린아이들은 남녀 가리지 않고 뛰어다니는 걸 좋아하기 마련이다. 나는 김재인을 가리키며 "쟤는 걷는 기능이 장착되지 않았어요. 뛰기와 멈추기 두 가지 모드뿐이에요."라는 농담을 하곤 했다. 어린이집 선생님께서 동의를 담은 웃음으로 답해 주셨다.

개인차는 있지만, 활동적인 놀이를 권장하는 건 주로 아빠의 몫인 경우가 많다. 특히 넓은 공원에서 아이가 킥보드를 탈 때 그 속도를 따라가는 것, 아이가 싫증 낸 킥보드를 둘러메고 따라다니는 것, 아이가 높은 곳에 올라가려 할 때 옆에서 잡아주는 것 등 완력이 필요한 일은 아빠가 더 수월하게 해낼 수 있다. 물론 먼 거리를 걸을 때 아이가 지친 기색을 보이면 목마를 태우는 것도 아빠의 역할이다.

마구 뛰며 에너지를 발산하다 보면 아이들은 금방 행복해한다. 김재인과 친구들은 달리기만 해도 웃음이 끊이지 않는다. 스트레스를 해소하는 가장 쉬운 방법이다. 어느 정도 흥이 오르면 매트 위에 집어던져달라고 요구하거나, 물구나무서기를 도와달라고 요청하게 된다. 그 요구를 들어주는 것만으로도 아이의 즐거움은 크게 부풀어 오른다.

김재인이 내 딸이라는 걸 강하게 느낄 때는, 유독 높고 좁은 곳을 좋아할 때다. 나는 어렸을 때 고향집 담장을 타고 장독대에 올라가 독 뚜껑을 박살 내며 놀았다(장독대에는 난간도 없었다. 지금 생각해보면 참으로 위험한 환경이었다). 김재인 역시 외나무다리 비슷한 게 눈에 띄면 일단 올라가야 직성이 풀린다. 그럴 때도 아이의 안전을 보장하려면 완력이 좋은 사람이 필요하다. 이것 역시 보통은 아빠의 역할이다.

물론 엄마가 아빠보다 체력이 좋은 집도 많다. 미국 시트콤 〈모던 패밀리〉에는 남편이 '난 남자니까'라며 달리기 시합을 제안했다가 꾸준히 운동해 온 아내에게 참패하는 에피소드가 있다. 이처럼 지구력이나 체력은 엄마들이 더 강한 집도 많지만, 완력은 보통 아빠가 더 세다. 게다가 내 세대는 여성들의 생활체육이 충분히 보편화되지 못한 세대였다. 지금처럼 생활체육이 확장돼 간다면 김재인의 세대는 남녀 가리지 않고 더 다양한 운동을 즐기는 문화가 정착될 수 있을 것이다. 그런 생각을 하면, 딸과 함께 뛰는 시간이 더 소중하다.

아이의 활동성을 살려주려면 아빠들도 준비가 되어 있어야 한다. 고작 딸 한 명을

키우다가 몸 한 군데가 작살날 수 있다. 농담이 아니라 진짜 그렇다. 30대 중반 정도 되면 세면대에 발 올려놓고 씻다가 허리를 삐끗해 한의원으로 기어가는 사람들이 흔하다. 아이가 무거워지기 전에 미리미리 코어 트레이닝을 해 두기 바란다. 눈에 띄는 가슴이나 팔 운동에 집중할 나이는 지났다. 보이지 않지만 육아에 가장 중요한 허리와 하체를 단련할 차례다.

스포츠의 기쁨을
알려주는 '걸 대드'

"재인이는 아빠가 키우는 티가 난다."라는 말을 들을 때가 있다. 다행히 좋은 뜻으로 해 주는 말이다. 특히 김재인이 유니폼이나 스포츠 굿즈를 입고 다닐 때는 내 딸이라는 느낌에 기분이 좋다.

4살 때, 내 일터를 공유하고 싶다는 생각에 축구장에 데려갔다. 축구장 앞에 물놀이장이 있기에 즉흥적으로 물장구를 쳤다. 경기장에서 파는 6세 어린이용 반팔 티를 사서 원피스 삼아 갈아입혔다. 그때 인천유나이티드 셔츠를 한 장 갖게 된 뒤로, 김재인은 규칙도 모르는 축구팬을 자처했다. "나는 축구하는 언니야."라는 말이 자기 귀에 멋있게 들리는 모양이었다. 축구 마니아들이나 아는 이광선, 김진야, 송범근 등의 이름을 줄줄 외기도 했다.

운동과 친숙하게 만들어줄 수 있다는 건 아빠들의 장점이다. 조던에서 나온 농구 저지 상하의를 한동안 입혔는데, 여자아이 패션으로 그렇게 귀여울 수가 없다. 농구 좋아하는 아빠라면 강력 추천한다. 나와 딸이 같은 색의 축구 유니폼이나 농구 유니폼을 맞춰 입고 길을 나서면 외출이 더 즐거워진다.

공원에 나가면 아빠와 딸이 짝을 이뤄 운동하러 나온 경우를 심심찮게 보게 된다. 고작 10살 정도인 여자아이들이 아빠와 함께 연습한 점프슛을 능숙하게 던지고, 스케이트보드로 유려하게 공원을 헤집는 모습은 그 자체로 멋있다. 집안에서는 느낄 수 없는 종류의 즐거움이다. 아직 김재인은 본격적으로 특정 종목을 연습하기에는 너무 어리다. 몇 년 뒤를 기약하면서, 그때까지 내 몸뚱이를 멀쩡하게 유지하겠다는 다짐을 한다.

이 분야에서 좋은 본보기가 되는 건 2020년 헬리콥터 사고로 세상을 떠난 코비 브라이언트다. 그는 한 인터뷰에서 "딸의 아빠인 게 너

무 기쁘다. 가능하다면 딸이 5명 더 있으면 좋겠다. 나는 딸의 아버지 (girl dad)다."라는 인터뷰로 화제를 모았다. 이후로 '걸 대드'라는 말은 미국에서 아빠들이 따라야 할 일종의 마음가짐을 상징하는 표현이 됐다. 그는 세상을 떠난 순간에도 자신이 운영하는 체육관에서 딸 지아나와 친구들에게 농구를 한 수 가르쳐주러 이동하고 있었다. 스포츠에 최선을 다해 임하는 모습(코비의 지독한 승부욕은 '맘바 멘탈리티'라는 별도의 이름이 붙을 정도로 유명하다)을 보여줌으로써 딸에게도 운동의 즐거움을 일깨워 주고, 딸이 진짜 훌륭한 스포츠 실력을 갖게 될 때까지 아빠도 실력을 유지하는 것. 그게 코비가 보여준 걸 대드의 모습일 것이다. 한국에서는 큰딸이 테니스 선수로 성장하자 함께 테니스를 배워 상대를 해 준 축구선수 이동국의 예가 있다. 아들을 둔 아빠들의 궁극적인 로망은 정우성을 길러낸 농구광 정광철(설마 모르시는 분이 계시진 않겠지만 〈슬램덩크〉 이야기다)일 것이고.

좋아하는 스포츠 팀을 갖는 건, 어린이들이 다양한 감정을 느낄 수 있는 기회다. 태어나서 처음 겪는 맹목적 사랑의 대상이 내 팀일지도 모른다. 내 팀의 경기마다 함께 흥분하고, 기뻐하고, 슬퍼할 수 있다. 좋아하는 팀이 아깝게 졌다며 눈물을 줄줄 흘리는 건 고통스럽지만, 이를 통해 자신의 감정을 자각하게 될 것이다. 나는 시골 출신이라 연고지 스포츠 팀이라는 개념이 없었다. 대학에 들어간 뒤 도시 출신 친구들을 만났을 때, 응원하는 팀이 있는 사람은 내게 없는 감각을 갖추고 있다는 게 느껴졌다.

한국은 프로 스포츠 인기가 많은 나라는 아니다. 그러나 일단 스포츠 팬이 되기 시작하면 누릴 수 있는 종목이 다양하다. 한국 정도 인구에 불과한 나라에서 하계 스포츠인 야구와 축구, 동계 스포츠인 배구와 농구가 모두 성공적인 리그를 운영하는 건 스포츠 팬들에게 축복이다. 어지간한 도시의 주민이라면 다들 연고지 구단으로 관람을 갈 수 있다. 하계종목과 동계종목을 모두 유치한 대도시에 산다면 일 년 내내 공백기 없이 응원팀의 경기를 즐길 수 있다.

스포츠는 가족 사이에 대화를 이끌어내는 좋은 소재이기도 하다. 내 아버지는 국가대표팀 축구 경기가 있을 때마다 내게 전화를 한다. 부자 사이에 일상적인 수다는 낯간지러운 짓이지만, 축구 이야기라면 아들과 오래 할 수 있다고 생각하시는 모양이다. 나 역시 김재인과 같은 스포츠 팀으로 공감대를 미리 형성해 놓으면, 사춘기가 되어 아빠를 벌레 보듯 할 때(높은 확률로 그런 날이 오고야 만다고 한다) 최소한 우리 팀 이야기는 나눌 수 있을 것 같다.

물론 최초로 만나는 '덕질'의 대상은 스포츠 팀이 아니라 가수일 수도 있고, 가상의 캐릭터일 수도 있다. 스포츠에 대한 덕질이 특이한 건 매주(또는 매일) 우리 팀이 기쁨이나 슬픔을 맛보는 일이 반복되며, 그 감정의 롤러코스터를 남들과 함께 경험하고, 경기장에서는 마음껏 소리 지를 수 있다는 점이다. 전주나 부산의 경기장을 찾아가면서 자연스럽게 가족 여행을 할 수도 있다. 김재인에게 우리 집 근처의 여러 종목들을 소개해 주고, 그중 좋아하는 팀이 생긴다면 굿즈 정도는 충분히 사주려 한다. 그 종목이 나와 같은 축구라면 더할 나위 없을 것이다.

손흥민처럼 또는
커리처럼 인사하기

딸과 핸드 셰이크를 만드는 순간 우리 둘만의 것이 하나 생긴다. 여기서 핸드 셰이크란 미국 스포츠 스타들에게서 먼저 유행했고, 손흥민이 동료들과 자주 보여주면서 잘 알려진 바로 그거다. 그냥 악수 말고 춤 비슷한 동작들을 섞어 만드는 둘만의 악수 말이다.

내가 딸에게 핸드 셰이크를 제안한 이유는 간단했다. 농구와 축구를 즐겨보다 보니 나도 하나쯤 만들고 싶어졌는데, 어른과 만드는 건 손발이 오그라드는 기분이었고, 제일 만만한 게 딸이었기 때문이다.

점점 복잡한 핸드 셰이크로 발전시켜 가는 게 원래 계획이었지만 아직 그런 경지에는 도달하지 못했다. 대신 콩콩뽕, 짝짝짠 등 어린이용 이름을 붙여서 여러 가지 핸드 셰이크를 번갈아 쓴다. 어린이집에서 "다녀오겠습니다." 인사를 한 뒤 주먹을 내밀면 콩콩뽕, 손바닥을 내밀면 짝짝짠을 하기로 되어 있다.

콩콩뽕이 우리의 인사법으로 정착되고 나니까 유대감이 약간 강화되는 기분이 들었다. 콩콩뽕을 만든 직후, 어린이를 대상으로 한 핸드 셰이크가 자존감을 높이는 데 도움이 된다는 뉴스를 접했다. '핸드 셰이크 티처'라는 별명이 붙은 미국의 초등학교 교사 배리 화이트 주니어는 반 학생 20여 명과 모두 서로 다른 인사법을 만들었다. 화이트 선생님은 왜 핸드 셰이크를 하냐는 기자의 질문에 "에너지를 불어넣어서 신나는 교실을 만든다."라고 대답했는데, 김재인 역시 "콩! 콩! 뽕!"을 외치고 교실로 들어가면 아빠와 떨어진다는 아쉬움 대신 즐거운 기분으로 하루를 시작할 수 있었다.

나는 김재인에게 애칭을 붙이지 않았다. 자녀에게 귀여운 별명을 붙여주면서 자연스럽게 유대감을 강화하는 부모들이 많지만, 난 어쩐지 그럴 마음이 없었다. 아버지가 나와 동생에게 그분만의 별명을 붙여쳤지만 별다른 느낌이 없었던 내 경험(아버지의 그런 행동들이 나를 향한 애정에서 나온다는 걸 이해한 건 어른이 된 뒤였다) 때문이기도 할 것이다. 또한 이름도 부족해서 별명까지 또 붙인다는 건 아이의 너무 많은 걸 부모가 결정한다는 생각이 들기도 했다. 별명 짓기가 내 아이를 다시 한번 규정하는 행위라면, 핸드 셰이크를 만드는 건 어디까지나 유희이며, 딸과 내 관계에 대한 의미 부여일 뿐 딸에 대한 의미부여가 아니라는 점이 다르다.

손흥민은 델리 알리를 만났을 때, 해리 케인을 만났을 때, 무사 시소코를 만났을 때 모두 다른 핸드세이크로 인사를 한다. 스테픈 커리는 골든스테이트 워리어스 동료들과 하는 핸드 셰이크를 넘어, 경기장을 찾은 딸 라일라와도 복잡한 핸드 셰이크로 유대감을 나누는 모습을 보여줬다. 커리와 라일라의 핸드 셰이크는 손바닥 박수, 손등 박수, 둥글게둥글게, 손바닥 박수, 손등 박수, 두 손을 쓰는 간단한 춤 동작, 마무리 뽀뽀와 뺨 때리기 등으로 구성돼 있다. 나도 김재인과 저 정도로 복잡한 루틴을 수행할 수 있을 때까지 차차 가르쳐 볼 생각이다.

엄마와 아빠를 통해 고정관념 없는
아이가 되길 기대하며

김재인을 키우면서, 나와 아내 모두 직장 생활을 얼마나 줄여야 하
는지 고민에 빠졌다. 경력을 포기하고 육아의 비중을 늘려야 한다는
압박은 컸다. 이 사회는 여성에게 슈퍼우먼이 되길 요구하므로, 아내
가 받는 압박은 나보다 훨씬 심했을 것이다. 아내는 매일 정해진 시간
에 퇴근하는 직장이 아니었기 때문에 주 보육자로서 꾸준히 아이를
맡는 것이 불가능했다.

고민 끝에 우리가 내린 결론은 '경력을 포기하지 말자'는 것이었다.

아내는 돈을 벌기 위해 억지로 일하는 것이 아니라 오래전부터 꿈꿔 온 직종에서 일하는 중이다. 꿈을 위해 나아가는 엄마의 모습은 김재인에게도 좋은 귀감이 될 터였다. 아이와 함께 하는 시간이 조금 줄어들더라도, 아내는 김재인에게 가장 좋은 역할 모델이 될 것이다. 김재인이 꿈과 진로를 고민할 나이가 되면 아내의 선택이 빛날 거라고 믿는다.

나도 마찬가지다. 내가 딸에게 최선을 다하는 것만으로 성별에 대한 고정관념은 옅어지는 셈이다. 남성도 여성과 동등한 돌봄 능력을 발휘할 수 있다는 걸 보여주는 것만으로도 딸의 가치관이 유연해지는 데 도움을 줄 것이다. 여전히 TV를 틀면 육아하는 남자, 살림하는 남자가 특이한 현상인 것처럼 묘사된다. 그마저 보여주지 않던 시절에 비하면 지금이 낫지만, 대수롭잖게 취급하려면 아직 갈 길이 멀다.

내가 아니라면 김재인은 '누군가를 돌보는 일은 여자의 몫'이라고 느끼며 자랐을 가능성이 높다. 당장 어린이집 선생님은 거의 전부, 초등학교 선생님은 대부분 여자다. 대중매체에서 보이는 이미지도 마찬가지다. 〈엄마 까투리〉는 원작을 따르다 보니 역시 여성의 육아에 대한 내용이 되었다. 〈꼬마버스 타요〉와 〈로보카 폴리〉는 주인공 메카닉들을 돌보는 역할로 꼭 여성 캐릭터를 넣었다. 돌보는 대상이 기계들이다 보니 정비사나 충전소 주인 등 '이공계' 캐릭터로 등장하긴 하지만 본질적으로는 소년 위주 메카닉들에게 엄마나 누나가 되어 주는 위치다.

한국뿐 아니라 미국에서도 육아하는 아빠가 자연스럽게 받아들여지려면 아직 멀었다는 생각이 든다. 아빠가 아이들을 맡았다가 허둥대는 〈인크레더블 2〉는 '엄마의 사회활동'을 부각시키는 내용이긴 하지만 그 방식이 약간 구시대적이라는 느낌을 준다. 내가 접한 김재인 주변의 대중매체 중 가장 자연스럽게 남성의 육아를 반영한 건 레고였다. 여자아이들을 타깃으로 하는 레고 라인업 '프렌즈'의 피겨 중에는 육아하는 아빠가 있다. '안드레아의 공연장' 세트를 사면 들어있는 정치인 스티브인데, 갓난 딸 다이애나를 유모차에 태우고 등장한다. 레고 프렌즈에 등장하는 유일한 육아인 캐릭터가 남성이다.

아빠가 육아에 주도적으로 참여하다 보면 좀 비효율적인 경우도 생긴다. 아빠가 아예 전업주부인 것도 아니고, 육아 담당이 계속 바뀌기 때문에 책임소재가 분명치 않고 정책에 혼선이 생긴다. 매일 살림 담당을 칼같이 정할 수 없기 때문에 집안이 돼지우리처럼 될 때도 있다. 그럴 땐, 김재인이 쓰는 공간만 어찌어찌 청소하고 안방을 돼지우리로 남겨두는 '선택과 집중'으로 해결한다. 안방만 더러우면 되지 뭐.

봉인해 뒀던 레고 실력을
개방할 때가 왔다

　뭐든 학원으로 만들어야 직성이 풀리는 우리 민족은 레고라는 장
난감을 '레고방'이라는 유료시설과 '레고 학원'이라는 사교육으로 발
전시켰다. 이런 추세를 보면, 레고가 어린이의 발달에 기여한다는 건
누구나 공감하는 사실이 된 것 같다.

　레고가 먼저 기여하는 분야는 당연히 '이과 감성' 쪽이다. 초등학생
들이 다니는 레고 학원은 구동계와 코딩까지 접목하지만 내게는 까마
득하게 먼 미래의 이야기다. 유아들은 몇 칸짜리 블록을 결합해야 하

는지 파악하고 길이를 비교하는 과정을 통해 자연스럽게 간단한 셈을 끝없이 반복한다. 또한 입체의 개념을 이해하게 되고, 단단한 건물을 만들려면 내부에 어떤 구조로 기둥과 서까래를 쌓아야 하는지 스스로 학습하게 된다. 레고를 하는 아이들은 기본적으로 건축가다.

블록과 함께 제공되는 설명서는 김재인이 난생처음 처음부터 끝까지 읽은 설계도였다. 레고 설명서가 아이의 눈높이에서도 잘 이해할 수 있게 나왔다는 건 5세 김재인이 내 도움을 받아 가며 성인용 레고를 어느 정도 따라 만들 수 있었다는 데서 확인됐다. 다 만들고 나서 몇 번 가지고 놀다가 박살 내긴 했지만. 아무튼 설명서를 보고 따라 만드는 경험을 통해 정보를 해석하고 적용하는 연습도 할 수 있다.

레고를 소재로 한 여러 연구를 찾아보니, 사고력뿐 아니라 정서 함양에도 도움을 준다고 한다. 블록은 어린이가 추상적 표현을 하도록 돕는다. 그리기는 구상, 즉 눈앞에 보이는 것들을 따라 그리는 방향으로 전개되기 쉽다. 반면 블록은 하나하나 쌓는 과정에서 의도치 않은 모양을 만들게 된다. 처음 의도와 완전히 다른 작품이 완성될 때면, 레고가 스스로 성장하는 유기체처럼 느껴지기도 한다. 실제로 존재하는 배나 비행기의 모습을 따라 만들 뿐 아니라 색의 조합, 패턴의 조합에 만족하며 추상적인 형태를 만들도록 유도해 준다. 딸이 파랑 블록과 노랑 블록을 모아 하나의 모자이크를 완성했다면, 부모로선 "그게 뭐야? 비행기를 만들어야지(이렇게 말하기 쉽다)."라고 하는 게 아니라 아이의 미적인 감각을 칭찬하고 북돋워주는 게 낫다.

물론 레고는 기본적으로 놀이기구다. 아이의 즐거움이 아니라 지능 발달에 대해 먼저 장황하게 설명한 걸 보면 나도 어쩔 수 없는 한국 부모 중 한 명이다. 교보재가 아니라 장난감으로 접근할 때 오히려 정서에 더 도움이 된다. 어린 시절의 나는 레고를 혼자 맞추고 놀았기 때문에 잘 몰랐지만, 친구와 함께 작품을 만드는 아이들은 무의식적으로 심리적 장벽을 허물게 된다고 한다.

아이의 레고 활동을 돕는 것은 아빠의 역할일 때가 많은데, 이 분야에서는 남자들이 더 수혜를 많이 입었기 때문이다. 레고 자체는 남녀를 가리지 않는 놀이기구다. 아내도 어려서 레고를 좋아한 시기가 있었다고 한다. 그러나 오랫동안 남자아이들을 위한 완구로 취급된 것이 사실이다. 무엇보다 여자아이의 흥미를 끌만한 제품이 거의 없었다. 수많은 레고 제품 중 여아용 라인업이 본격적으로 강화된 것은 10년도 안 됐다.

나는 어렸을 때 이가 빠진 레고를 우르르 물려받았다. 내가 만들고 싶은 우주 전투기에 꼭 필요한 부품들만 파악해 뒀다가, 그게 포함된 레고 중 가급적 저렴한 제품을 샀다. 어린 시절 단련해 둔 레고 실력을 오랜만에 발휘할 때가 왔다. 아이가 상상하지도 못한 방식으로 블록을 조합해 제시하면, 오랜만에 아빠의 능력을 인정한다는 눈빛을 받을 수 있다. 특히 설명서에 나와있지 않은 다양한 응용 조합은 경험이 쌓여야 만들 수 있다. 김재인이 쌓는 성벽 구석에 회전 가능한 부품을 몰래 숨겨 비밀 통로를 만들어주는 것 말이다.

딸들이 좋아할 만한 대표적인 라인업은 2012년 시작된 프렌즈다. 서로 다른 인종과 특기를 가진 여자아이 5명의 우정과 다양한 체험을 중심으로 구성된 시리즈다. 김재인이 처음 만난 건 발명가 캐릭터인 올리비아였다. 친구들의 제트스키 경주, 친구들의 별장 여행, 친구들의 캠핑카 등등 일상생활의 내용을 보면 죄다 금수저들인가 싶긴 하지만 그건 어른의 시각이고, 아이들은 대체로 좋아한다.

2015년부터 출시되는 엘프 시리즈는 여러 가지 원소를 다루는 요정들이 등장하는 판타지인데, 완제품으로 나오는 피겨의 비중이 크고 복잡한 건물을 맞추는 재미가 비교적 떨어진다. 아이가 좋아한다면

야 훌륭한 완구로 활용할 수 있겠지만 이것저것 자유롭게 맞춰 보는 용도로는 부적합하다. 나중에 분해해서 아이 마음대로 마개조할 때도 엘프의 블록들은 활용도가 떨어진다.

아이가 좋아하는 애니메이션이 생겼다면 그 장면에 맞는 레고를 사줄 수도 있다. 주로 디즈니 작품들인데 디즈니 프린세스들, 토이스토리, 쥬라기월드, 어벤저스가 대표적이다. DC의 저스티스리그 캐릭터들, 해리 포터도 매력적일 것이다. 사실 여자아이라면 겨울왕국, 인어공주, 라푼젤 중 하나를 통해 입문했을 가능성이 높을 것이다.

만 2세 즈음에 듀플로로 시작해 나중에 레고로 자연스럽게 넘어가면 아이의 소근육이 그만큼 발달했다는 걸 확인할 수 있다. 듀플로와 레고는 2 대 1 비율로 호환이 된다. 즉 레고의 2×2 블록은 듀플로 블록의 1×1 칸에 정확히 들어맞는다. 어른들은 두 가지 블록을 섞어 쓸일이 좀처럼 없지만, 어린이들에게는 듀플로로 성벽을 만든 뒤 레고로 그 위의 모습을 꾸밀 수 있기 때문에 큰 성을 만들 때 좋다.

아이가 태어나기 전부터 레고를 즐기던 부모라면 자기 레고를 물려주는 시점을 잘 고민하도록 하자. 이건 실패담이다. 우리 집의 레고는 다 박살 났다. 폭스바겐 캠퍼밴(밴 형태의 캠핑카), 미니쿠퍼 등 몇 개는 소형 장식장에 넣어뒀는데 애매하게 김재인의 손이 닿는 곳에 뒀다가 지금은 부품 몇 개를 찾을 수 없게 되어버렸다. 김재인이 태어나기 전에 분해해서 지퍼백으로 분류한 뒤 큰 상자 속에 처박아 놓은 제품도 많은데, 언제 꺼내야 할지 감이 안 잡힌다.

어린이에게는 자유롭게 이것저것 만들 수 있는 '크리에이터 박스'가 가장 좋다. 박스를 장만한 뒤 스스로 작품을 구상하려는 의욕이 쑥늘었다. 김재인이 듀플로와 레고로 뜻밖의 멋진 작품을 만들어 가져오는 건 나의 큰 기쁨 중 하나다.

박스를 사고 얼마 뒤, 김재인이 기존 레고 제품들을 가리키며 '그말'을 하고 말았다. "아빠, 나 저런 거 필요 없어. 다 부숴서 아무거나만들고 싶은 거 만들어도 돼?" 그 한 마디에 '토이스토리 3 쓰레기 소각장' '앤트맨의 양자 영역 탐험선' '인어공주의 결혼식' '레고 프렌즈엠마의 아트 카페차' 등이 산산조각 나서 김재인의 상자 속으로 들어갔다. 그때는 속이 쓰렸지만, 며칠 뒤 김재인이 프렌즈와 라푼젤과 크리에이터의 부품들을 합쳐서 '곰돌이와 라푼젤의 티타임 방'을 만든걸 보고 금세 흐뭇해졌다. 마음대로 무엇이든 만들 수 있는 레고의 세계로 김재인이 막 발을 들인 것이다.

CHAPTER 4
공주로 키우고 싶으신가요?

"공주는
용감하면 안 돼."

김재인이 실제로 해서 나를 기절초풍시켰던 말이다. 김재인이 어딘

가에서 공주 취향을 배워 오면 어떻게 할까 생각하던 중이었다. 그런

데 4살 때 어린이집에서 또래집단의 영향을 강하게 받더니 점차 공주

들을 좋아하게 됐고, 어느 날 상당히 통찰력 있는 한 마디를 내놓은 것

이다. "아빠, 나보고 용감하라고 그랬잖아? 그런데 공주는 용감하면

안 돼. 왕자가 구해줘야 하거든." 아이들은 눈치가 빠르다. 김재인은

전통적인 왕자와 공주 이야기에서 공주들이 늘 수동적이라는 걸 알아

163

챈 것이다.

이 일화는 '전래동화 속 수동적인 여성상'이 우리 딸들의 주체적인 자아 인식을 가로막는다는 증거가 될 것이다. 사실 전통적인 공주 이야기 중에서 아이가 주인공을 본받을 만한 건 극히 드물다. 더 큰 문제는 원작을 유아용으로 축약하면서 그나마 남아있던 주체적인 여성상까지 휘발된다는 것이다.

예를 들어 안데르센의 《인어공주》를 잘 읽어보면 알려진 것만큼 사랑에만 매달리는 이야기가 아니다. 인어공주가 왕자의 사랑을 갈구한 건 인간들만 가질 수 있는 영혼을 갖기 위해서다. 결말 부분에서 인어공주는 왕자를 죽이지 않겠다는 선택을 한 덕분에 일종의 정령이 되어 다른 방식으로 영혼을 가질 수 있게 된다. 결말 부분에 가면 왕자에 대한 집착은 끝난다. 사랑과 실연은 그 과정일 뿐, 인어공주가 진짜 추구한 건 영혼을 갖는 것이다. 그런데 이 이야기를 짧게 줄여놓은 대부분의 동화책에는 '실연당한 뒤 물거품이 되어 가련하게 죽어버린' 공주만 나올 뿐이다.

여기에 20세기 할리우드의 수동적인 여성상이 결합한 디즈니 애니메이션 〈인어공주〉는 한 발 더 퇴보한다. 우리에게 가장 익숙한 버전의 인어공주인데, 이 애니메이션은 해피엔딩으로 끝난다. 그런데 에릭(왕자)의 사랑을 갖겠다며 능동적으로 행동하는 것 같던 에리얼(인어공주)은 사실 사고만 잔뜩 치고 다닐 뿐 문제 해결에 아무런 기여를 하지 못한다. 실연 정도가 아니라, 바다 전체가 우르슬라(마녀)에게 넘어갈 정도로 큰 위기를 초래한다. 그리고 에리얼을 구해주는 건 수컷 갈매기 스커틀과 남자 에릭이다. 작품 내내 별다른 활약이 없던 에릭이 갑자기 황개라도 된 것처럼 용맹하게 배를 몰아 우르슬라에게 충각 돌격을 감행하는 걸 보면 '에리얼 그녀은 뭐 하나' 소리가 절로 나온다. 동시에 '아, 이 애니메이션 제작진은 여자 주인공이 악당을 무찌를 수 있다는 생각은 한 번도 안 했구나' 소리도 나온다. 결국 아버지의 마법으로 인간이 되어 에릭과 결혼하고 끝이다.

말투만 당당하고 아무 능력이 없다는 것은 이 시기 디즈니 여성 캐릭터들의 공통적인 문제다. 말투부터 청순가련한 1950년대 이전의 백설공주, 신데렐라, 오로라(〈잠자는 숲속의 공주〉)와 행동거지는 달라졌다. 그런데 당차 보이는 건 태도일 뿐이고 실제로 능력을 발휘하는 모습은 전혀 없다. 〈미녀와 야수〉의 벨과 〈알라딘〉의 자스민은 에리얼보다 한 발씩 나아갔지만 근본적인 차이는 없다.

한국 전래동화에서의 여성상은 말할 것도 없는 수준이다. 누군가에게 물려받은 우리 집 동화책 중에는 백일홍의 탄생설화가 있다. 한 처녀가 포악한 이무기에게 제물로 바쳐지기 직전 용사가 나타나 무찔러주겠다며 떠났는데, 그를 기다리던 처녀가 죽어 백일홍이라는 꽃으로 다시 태어났다는 이야기다. 여기까지만 봐도 딸이 배울 건 하나도 없는 이야기인데, 우리 집에 있는 버전은 한술 더 뜬다. 백일홍 설화는 보통 남자를 '용사'로 묘사하는데 일부 판본에만 '사실은 왕자였다'는 설정이 더 들어가 있다. 우리 집 동화책은 이 '왕자님 버전'을 따랐다. 한국 전래동화까지 서양식 왕자 이야기에 가깝게 만들어야만 성이 찼던 모양이다.

TIP

능동적인 여성상을 반영한
공주 그림책들

〈알라딘〉 실사영화는 27년 전 애니메이션을 충
실히 따라가지만, 달라진 시대상을 반영한 부분도 있다. 단적인 장면이 노래
〈Speechless〉다. 1992년 애니메이션의 자스민도 혹자에게는 능동적인 여성상
으로 보였겠지만, 2019년 실사영화의 자스민과 비교하면 예전 버전은 철부지일
뿐이다. 애니메이션의 자스민은 궁전에 갇힌 삶을 답답해하며 넓은 세상을 꿈꾸
는 소녀이긴 하나, 스토리는 그런 자스민에게 알라딘의 도움을 받는 역할만을 부
여한다. 반면 실사영화의 자스민은 여자에게 허락되지 않은 통치자를 꿈꾼다. 특
히 마법사 자파에게 맞서 싸우자고 신하들을 독려할 때의 모습은 장군에 가깝다.
이 두 장면을 관통하는, 자스민의 '저항의 노래'가 〈Speechless〉다. 이런 성격 때문에 홍콩 민주화운동 때 여성 시위대가 부르기도 했다.

요즘 나오는 어린이 그림책들도 달라진 여성상을 반영한 경우가 많다. 공주 캐릭터를 적극적으로 이용해 온 디즈니는 수동적인 여성상을 거부하는 부모들을 위한 그림책을 많이 내놓고 있다. '디즈니 프린세스' 브랜드를 달고 나온 요즘 그림책 중에서는 오로라, 벨, 에리얼의 새로운 모습을 보여주는 책도 있다.

《진정한 나를 찾는 모험》이라는 책이 대표적인데, 공주들이 기존 디즈니 작품에서 보여주지 못했던 진취적인 캐릭터로 등장한다. 애니메이션 속 벨은 왕자님에 대한 동화책을 즐겨 읽었지만, 새로운 그림책에서는 '각종 설명서를 읽어가며 성의 고장 난 기계를 혼자 고치는' 모습으로 업그레이드됐다.

에리얼은 언니들의 고난을 해결해 주기 위해 직접 모험을 하며 약을 구해오기도 한다. 특히 무능력한 공주의 대표격이었던 오로라는 큰 변화를 겪었다. 공주 오로라가 아니라 숲에서 숨어 살던 시절의 예명인 로즈를 등장시켜서 요정 이모들을 구해주는 모험 이야기로 만들었다. 비교적 최근 작품인 《라푼젤》과 《메리다와 마법의 숲》은 주체적인 주인공이 등장하는 만큼 애니메이션 내용 그대로 실려 있다는 점도 눈에 띈다.

물론 요즘 나오는 책이라고 해서 모든 공주가 진취적인 건 아니다. 여전히 수동적이고, 겉모습에만 집착하는 공주들이 많다. 디즈니 프린세스 관련 그림책들

도 기존 캐릭터를 그대로 유지한 채 팬 서비스 성 내용만 실어둔 경우가 많으니

책을 구입하기 전 내용을 한 번 훑어보는 정성이 필요하다.

딸들은 정말 본능적으로
공주를 좋아할까?

우리 사회가 여성적이라고 부르는 여러 특성 중에서 선천적인 건 얼마큼이고, 후천적으로 학습되는 건 얼마큼일까? 내가 김재인과 친구들을 관찰하면서 늘 품고 있는 질문이다. 이제 한 가지는 확실히 말할 수 있다. 여자아이들의 공주 취향은 학습의 산물이다.

김재인은 타요 만화를 본 적 없을 때부터 타요 장난감을 좋아했다. 3세 때였다. 제주공항에서 김재인이 타요 장난감을 휘두르고 있는데, 한 할머니가 다가오시더니 "우리 공주님."이라며 살갑게 말을 거셨다.

흥미로운 건 그다음 발언이었다. "공주님은 이런 거 가지고 놀면 안돼. 인형 가지고 놀아야지." 여전히 상냥하고 우아한 말투였다. 이상했던 건 내용뿐이다.

3, 4세 시절 아이들은 남녀 가리지 않고 높은 확률로 탈것을 좋아한다. 여자 아기가 자동차를 거부하고 인형만 찾는 경우는 드물다. 좀 더 나이가 들면, 곤충이나 공룡을 좋아하는 것 역시 남녀를 가리지 않는다. 김재인의 친구들이나 친한 언니들도 좋아하는 공룡 한두 개쯤은 댈 수 있다. 그러다가 남자아이들은 공룡과 로봇, 여자아이들은 공주와 '시크릿 쥬쥬'로 취향이 갈린다. 여자아이들이 공룡과 곤충에 대한 관심을 끊는 건 사회적 학습의 결과라고 보는 게 자연스럽다.

우리 집에서 김재인에게 곤충이나 공룡을 좋아하라고 유도한 적은 한 번도 없었다. 단지 김재인이 공룡 책과 곤충 책을 사 달라고 했을 때 막지 않았고, 공룡 피겨를 사 달라고 했을 때도 몇 개 허락했을 뿐이다. 김재인은 그걸 가지고 폭력적인 사냥 놀이만 하는 게 아니라 소꿉놀이에도 쓰고, 다른 종의 동물끼리 사이좋게 지낸다는(〈페파피그〉와 〈뽀로로〉 등 유아용 만화에서 많이 본) 서사를 만들어 역할놀이에도 썼다. 그렇게 1년 정도를 지내고 나니, 김재인은 같은 반 여자아이들 중 공룡과 곤충을 가장 좋아해서 남자아이들과 말이 통하는 애가 되어 있었다. 다시 한번 말하자면, 김재인에게 군이 공룡을 좋아하라고 유도한 적은 없다. 오히려 공룡이 주인공으로 나오는 영상은 대부분 자극적이어서 꽁꽁 감춰뒀다. 김재인에게 '공룡 말고 다른 걸 좋아해'라는 암시를 주지 않았을 뿐이다.

사회적 암시는 아이의 가치관과 취향이 형성되는데 결정적인 영향을 미친다. 가장 강력한 암시를 주는 존재는 부모와 어린이집 선생님이다. 내 주변에는 축구를 좋아하거나 축구 관련 일을 하는 아빠들이 많은데, 그들의 자녀도 하나같이 축구를 좋아한다. 이런 점만 봐도 아이의 취향은 가까운 존재의 영향을 강하게 받기 마련이다. 내 딸이 언젠가부터 공주 흉내에 빠졌다면, 주변 환경 가운데 유인 요소가 있어서지 '여자아이의 타고난 천성 때문'은 아닐 것이다.

TIP

'티라노'와 '랩터'는
깃털이 달렸다

아빠라면 누구나 공감하는 육아 격언(?)이 있다.

'남자가 공룡에 대해 가장 해박해질 때는 내가 5살 때, 그리고 내 자식

이 5살 때다.'

자녀가 공룡에 빠지기 시작하면, 부모도 공룡 책을 읽어주면서 함께 공룡 이름

을 줄줄 외야 한다. 이 역할은 주로 아빠에게 돌아가는 경우가 많다. 아빠들도 어

렸을 때 공룡을 수십 개 외우며 놀았던 경험이 있기 때문이다.

공룡 이야기를 할 때 조금 난감한 건 30년 전 학설과 지금 학설이 다르다는 것

이다. 모두에게 가장 친숙한 공룡은 〈쥬라기 공원〉 시리즈 속 모습을 하고 있지

만, 1편 영화가 개봉한 1993년 이후 27년이 지나면서 관련 학설에 엄청난 변화가

있었다. 이 영화의 3대 주인공이라고 할 수 있는 티라노사우르스렉스, 벨로키랍

토르, 딜로포사우르스 모두 요즘 복원도와는 완전히 다르게 생겼다. 티렉스와 벨

로키랍토르는 깃털 공룡이고, 벨로키랍토르는 영화에서처럼 큰 공룡이 아니고

기껏해야 거위 정도 크기인데다 앞다리에는 날개에 가까운 깃털이 달려있기 때

문에 그냥 새라고 보면 된다. 딜로포사우르스는 영화에서 목도리도마뱀처럼 나

온 것과 달리 목주름이 아예 없다. 영화 속 디자인이 최근의 〈쥬라기 월드〉 시리

즈까지 그대로라서 공룡 과학책과 공룡 캐릭터 사이의 괴리가 크다.

　김재인이 처음 읽은 본격적인 공룡 그림책은 내셔널 지오그래픽에서 나온 책

이었는데, 이 책은 발간 당시 학설을 최대한 반영해 일부 공룡들에게 깃털을 달아

줬고 벨로키랍토르는 영화 속 '랩터'보다 훨씬 작다. 그 뒤로 〈공룡메카드〉 등 쥬

라기 공원 스타일의 공룡이 나오는 몇몇 창작 캐릭터를 접했지만 다행히 크게 혼

란스러워하진 않았다.

　혼란을 피하려면 아빠들이 먼저 최신 학설을 받아들일 준비를 해두는 게 좋

다. 또한 지난 20년 동안 새로운 공룡들이 잔뜩 등장했고, 특히 중국에서 발견된

녀석들이 많다는 점도 염두에 두자. 이놈들은 '사우르스'로 끝나는 이름이 아니라

'딜롱'과 '구안롱' 등 홍콩 배우 같은 이름이 붙어 있다. 공룡 도감에는 이런 공룡들

도 잔뜩 나온다. 여러모로 아빠를 공부하게 만드는 상황이다.

5살 김재인에게 조심스럽게 '복원'이라는 개념을 설명해 봤는데, 최대한 알아듣기 쉽게 간추렸더니 그럭저럭 이해하는 모습을 볼 수 있었다. '티렉스의 화석을 땅에서 파낸 다음 그 뼈를 바탕으로 어떻게 생겼는지 상상하는 건데, 과학자들마다 상상한 겉모습이 조금씩 다르다. 제일 진짜 티렉스에 가까운 건 이거란다'라고 설명하며 진땀을 뺐다. 〈공룡메카드〉의 티라노와 공룡 도감의 티렉스가 같은 거라고 설명하는 건 참으로 힘든 일이었다.

아빠들도 미리 알아두도록 하자. 티렉스, 유타랍토르, 데이노니쿠스 등 인기 있는 육식공룡들은 지금으로 치면 파충류가 아니라 새에 가깝다. 새는 '공룡의 후손'이 아니라, 분류상 공룡과 똑같은 종류로 취급되기 때문에 '현세까지 살아남은 공룡' 그 자체다. 김재인의 공룡 과학 책은 닭 사진을 제시하면서 "그래요, 닭은 공룡이랍니다."라고 경쾌한 말투로 써 놓았는데 나도 처음엔 당황했다. 하지만 엄연한 사실이다. 요즘에는 공룡이 파충류라는 분류 자체도 잘 쓰지 않는다. 파충류와 조류를 합친 새로운 계통 분류가 쓰인다.

남녀 공용 만화,
주인공은 다 남자

〈로보카 폴리〉〈꼬마버스 타요〉〈뽀롱뽀롱 뽀로로〉〈출동! 슈퍼윙
스〉〈고고 다이노〉 등 어린이들이 좋아하는 만화의 법칙이 하나 있다.
주인공의 성별은 남자와 여자가 3 대 1 비율이라는 것이다. 즉 주인공
중 여성 캐릭터는 25%에 불과하다. 특히 주인공이 4명일 때는 무조
건 여자가 1명이다. 폴리의 구조대 4인 중에서는 구급차 엠버만 여자
다. 타요에서는 라니, 고고 다이노에서는 비키, 슈퍼윙스는 아리가 여
기 해당한다. 심지어 슈퍼윙스 등장인물이 늘어 주역 캐릭터가 12명

이 됐을 때조차 여자 로봇이 아리, 미나, 샛별 3명으로 늘기 때문에 정확히 25%로 유지된다. 뽀로로의 주역 캐릭터는 대략 8명으로 볼 수 있는데 암컷은 루피와 패티다. 법으로 정해놓은 비율이 있나 싶을 정도다.

여자 캐릭터는 거의 무조건 분홍색을 쓴다는 점도 법칙이다. 서울시 버스 도색을 반영해야 했던 타요를 제외하면 모든 만화에서 첫 번째 여자 캐릭터는 분홍색이다. 반면 주인공 남자 캐릭터는 빨간색, 파란색 등 다양한 색을 부여받는다.

위 모든 애니메이션은 엄연히 '남녀 공용'이다. 여아를 대상으로 한 〈시크릿 쥬쥬〉나 남아를 대상으로 하는 로봇 만화들이 한 성별에 치우친 취향을 반영한다고 해서 문제 삼긴 힘들다. 그러나 아이들이 보통 처음으로 접하는 남녀 공용 만화라면 문제가 있다.

여자가 한 명뿐이라는 건, 그 캐릭터가 '여성 캐릭터에게 요구되는 모든 역할'을 혼자 하게 만든다는 문제로 이어진다. 신체적 힘이 비교적 약하며, 남을 돌봐주는 역할이다. 꼭 구급차가 아닐 때도 구조와 간호는 다 여자 캐릭터들의 몫이다. 폴리, 로이, 헬리는 각각의 개성을 가진 캐릭터지 남자라는 점과 별 상관이 없지만 엠버는 유독 여성성이 강조되어 있다. 유아는 자신과 같은 성별의 캐릭터에게 감정이입하는 경향이 강하기 때문에, 대다수 여아들은 엠버 한 명에게 자신을 동일시하게 된다.

그나마 다행인 점은, 여자라고 해서 더 나약하고 감정 기복이 심한 것으로 묘사하는 작품은 드물다는 것이다. 여자 캐릭터의 여성성을 나약한 쪽으로 강조하는 작품은 폴리와 뽀로로 정도다. 엠버는 엄연히 구급차인데 어째 남을 구해주는 모습보다는 남자 로봇들에게 구조되는, 전통적인 공주님 포지션 같은 모습을 종종 보여준다. 뽀로로에 등장하는 루피는 소심하고 꽁한 편이고, 패티는 모든 남자 캐릭터들의 호감을 독차지하는 '여자친구 역할'의 캐릭터다. 그 밖의 작품들에서는 분홍색 여자 로봇이 나름대로 용감하게 활약하는 모습을 많이 볼 수 있다.

인기 있는 유아용 애니메이션 중 주인공이 여자이면서 성별에 따른 역할 구분이 흐릿한 작품은 영국산 〈페파 피그〉가 대표적이다. 영국의 평범한 어린이들의 일상을 동물로 옮겨놓은 애니메이션인데, 페파네 가족은 늘 낙관적이고 침착하게 갈등을 풀어간다. 페파의 캐릭터는 딱히 계몽적이라기보다 여자아이의 솔직한 모습을 있는 그대로

담아냈다. 다만 영국 여자아이의 평범한 모습을 반영하다 보니 불필

요한 성별 역할(페파와 여자아이들은 차를 마시고, 남자아이들은 해적 놀이

를 하며 서로를 이상하게 쳐다보는 대목이라든가)을 보여주는 경우도 있

긴 하다. 국내 더빙판 중 일부 시즌은 아내가 남편에게 존댓말을 쓰고,

남편은 아내에게 반말을 쓰는 경우도 있다.

주디처럼, 모아나처럼, 보처럼

　디즈니 애니메이션 스튜디오가 낡은 공주 캐릭터에서 벗어나기 위
해 노력한 증거는 〈공주와 개구리〉 〈라푼젤〉 〈메리다와 마법의 숲〉으
로 이어지는 2009~2013년 작품에 남아 있다. 셋 모두 기존의 공주 애
니메이션을 정면으로 뒤집으려는 전복적 기획이다. 〈공주와 개구리〉
는 주인공을 흑인 커리어 우먼으로 설정했고, 주인공이 개구리 왕자
와 키스를 했다가 덩달아 개구리가 되어버린다는 식으로 원작을 완전
히 뒤집었다. 〈라푼젤〉은 긴 머리카락을 타고 왕자가 올라오는 게 아

니라, 그 머리를 인디아나 존스의 채찍처럼 휘두르는 캐릭터가 됐다. 아울러 원작에도 있던 모녀관계 등 페미니즘적 요소를 부각시키며 주 인공의 주체적인 여정을 보여주기 위해 노력한다. 〈메리다와 마법의 숲〉은 디즈니가 아닌 픽사에 공주 애니메이션을 맡기는 실험을 통해 기존의 한계를 부수려 했다.

그러나 결과물은 모두 조금씩 흠이 있었다. 주체적인 여성 주인공 의 독립된 이야기가 아니라, 기존 공주 신화의 패러디나 뒤집기에 그 친 대목이 많았다. 특히 약간 억지스러운 결말 부분은 어린이들이 이 해하기 어려운 측면이 있다. 앞선 시기에 나온 〈뮬란〉은 퍽 당당한 여 성의 이야기지만 전쟁을 다룬다는 점 때문에 유아에게 권하기는 좀 망설여졌다.

과도기를 거쳐, 2016년부터는 우리 딸에게 선뜻 권하고 싶은 애니 메이션이 잔뜩 나왔다. 〈주토피아〉는 딸에게 더없이 교훈적인 애니메 이션이다. 여러 동물들이 섞여 사는 주토피아에서 토끼는 경찰이 될 수 없는 나약한 종으로 취급됐다. 그러나 주인공 주디는 누구보다 열 심히 노력한 끝에 최고의 경찰이 된다. 주디뿐 아니라 여우 닉 등 모든 동물들이 편견과 싸우고, 악당의 정체도 고정관념과는 딴판이다. 열심히 노력해 꿈을 이루자는 교훈과 함께 편견을 부수는 여성의 모습이 자연스럽게 담겨 있다.

〈주토피아〉까지만 해도 성인을 대상으로 한 복잡한 유머가 많이 섞여있었다면, 〈모아나〉는 여자 어린이가 넋 놓고 몰입할 수 있는 애니메이션 중 가장 당당한 주인공을 보여준다. 모아나는 부족이 멸망할 위기를 막기 위해 배 한 척을 몰고 바다로 나가는 캐릭터로서, 한 마디로 신화 속 영웅의 면모를 갖췄다. 남성 캐릭터인 마우이의 도움을 받긴 하지만 '왕자님'과는 성격이 크게 다르다. 폴리네시아 창세신화의 주인공인 마우이가 모아나의 스승으로서 영웅이 되는 길을 열어준다는 이야기에 가깝다.

〈모아나〉가 더 특별한 건 캐릭터 디자인 때문이다. 엘사와 안나는 쥬쥬, 바비와 비슷한 8등신 주인공이다. 예쁘긴 하지만 획일화된 미적 기준에 갇혀 있다. 이들의 비정상적으로 가는 다리와 달리 모아나는 건강한 청소년다운 체격을 갖고 있고, 약간 넓고 뭉툭한 코 등 폴리네시아계 민족다운 외모로 표현됐다. 동아시아 인종은 아니지만 그나마 한국 어린이들이 가장 공감할 수 있을만한 외모의 소유자다.

가장 최근에 나온 〈토이 스토리 4〉는 여성 캐릭터를 다루는 데 서툴렸던 픽사가 마침내 주체적이고 매력적인 여성 캐릭터를 등장시키는 데 성공한 작품이다. 기존 캐릭터인 카우걸 제시의 경우, 어디까지나 우디와 버즈의 모험에 종속된 '조연 1'에 불과했다. 반면 4편에 등장하는 보는 많은 여성 관객들, 그리고 딸을 둔 부모들의 환호를 이끌어냈다. 1편에서 우디를 꼬시는 역할에 불과했던 양치기 모양 피겨가 3편에서 보이지 않다가, 4편에서 '방랑하는 투사' 캐릭터로 재탄생해 돌아왔다. 무려 장애를 딛고 싸우는 전사인데, 한쪽 팔이 떨어져나갔지만 테이프로 붙인 채 다른 장난감들을 돌본다. 누군가 연상되지 않는가? 〈매드맥스: 분노의 도로〉의 퓨리오사를 보며 '죽인다'고 생각했던 아빠들이 마침내 '어린이용 퓨리오사'를 딸에게 보여줄 수 있게 된 것이다.

"아빠, 보 멋있어."라는 말이 딸의 입에서 줄줄 나오는 건 꽤 보람 있는 경험이다. 1편에서 분홍색 치마를 입고 있던 보가 4편에서는 하늘색 바지를 입고 리더십과 액션을 보여준다. 이 변화는 김재인과 같은 어린 여자아이들에게 중요한 선물이다. 보는 앞선 세 편의 영화에서 어떤 장난감도 하지 못했던 주체적인 선택을 해냈으며, 그 길로 우디를 이끌어주는 인물이기도 하다(구체적인 내용은 스포일러이므로 여기까지만 말하겠다). 나를 비롯한 많은 팬들은 3편 제작 당시부터 "제발 〈토이 스토리〉 좀 그만 만들어."라고 외쳐 왔다. 그러나 보의 캐릭터를 김재인에게 더 보여주고 싶기에, 지금은 5편이 나오기를 고대하고 있다(공식 입장으로는 만들지 않을 계획이라고 한다).

〈주먹왕 랄프 2: 인터넷 속으로〉의 마지막 부분에서 디즈니 공주들이 떼로 나와서 랄프를 구해주는 장면 역시, '남녀 공용'인 만화에서 여자 어린이들이 감정이입할 창을 넓혀주기 위해서일 것이다. 주체적인 여성 캐릭터를 꾸준히 접하고 자란 결과, 김재인은 멍하니 누워 이런 장면을 상상해내기에 이르렀다. "아빠, 낮잠 시간에 내가 어떤 생각을 했냐면. 카카모라(〈모아나〉의 악역)를 무찌르러 배를 타고 여러 명이 갔는데. 디즈니 공주들 다 갔고. 나와 우리 반 친구들이 경찰이었고, 보도 있었어."

무섭지 않은 괴물
토토로와 친구 되기

여자 어린이들이 만화를 볼 때 가장 큰 장애물은 뜻밖에도 '무섭다' 는 것이다. 어른들에게 아무렇지도 않은 장면에서 아이들은 꽥 소리 를 지르고 눈을 감는다. 〈겨울왕국〉에서 엘사가 만들어낸 눈사람 괴물 을 보고 겁먹는 거야 이해할 만하지만, 추격전에서 조금만 긴박한 음 악만 나와도 눈을 가리는 건 뜻밖이다. 김재인만 그러나 싶었는데, 옆 집 딸은 더했다.

이 점을 감안한다면 〈이웃집 토토로〉는 어린이를 위한 첫 장편 만화로 퍽 적절한 편이다. 보통 애니메이션이라 해도 절정 부분에서는 어느 정도 서스펜스가 있기 마련인데, 〈이웃집 토토로〉에는 그게 없다. 평온하다가, 안타깝다가, 다시 평온한 감정의 전개가 있을 뿐이다. 산에서 만난 괴물을 무서워하지 않고 친구가 된다는 이야기 역시 겁을 덜어내는 데 도움을 줄지도 모른다.

그 밖에도 미야자키 하야오 감독의 애니메이션은 어린이들이 보기에 적당한 편이다. 어린이가 보기에 잔인한 〈모노노케 히메〉, 아이들에게 난해할 수 있는 〈하울의 움직이는 성〉과 〈센과 치히로의 행방불명〉, 너무 아저씨 감성으로 채워져 있는 〈붉은 돼지〉를 제외하면 몇 편 안 남는다는 게 함정이지만 대체로 추천할 만하다. 특히 〈이웃집 토토로〉 〈마녀 배달부 키키〉는 김재인이 좋아하는 작품이고, 〈벼랑 위의 포뇨〉는 복잡한 내용을 이해하기는 힘들지만 워낙 귀여운 캐릭터와 노래가 나오는지라 잊을 만하면 한 번씩 찾는다. 미야자키의 영화는 주체적인 여성 주인공이 등장하는 것으로도 잘 알려져 있다. 여러 편을 보다 보면 여성 주인공이 미야자키의 이상형으로서 숭배되는 것 같은 느낌이 들긴 하지만 여기까지 트집 잡는 건 좀 지나칠 것이다.

미야자키는 동아시아 여자 어린이를 가장 잘 그리는 감독이기도 하다. 딸을 가진 모든 아빠는 포뇨, 메이, 사츠키(이상 〈이웃집 토토로〉) 중 한 명과 자기 딸이 닮았다고 생각한다. 아니, 보통은 셋을 다 닮았다. 아이들은 포뇨, 메이, 사츠키 순서로 얼굴이 바뀌면서 큰다.

〈마녀 배달부 키키〉는 일본 문화 수입 전 작품인데다 딱히 대작이 아니라서 잘 알려져 있지 않지만, 여자 어린이들에게 추천할 만하다. 13살이 된 마녀 키키가 집을 떠나 새로운 마을에 정착하기 위해 열심히 일하고, 또 새로 사귄 친구들과 인간관계를 만들어가는 내용이다. 사춘기 소녀의 혼란과 성장을 다루고 있어서 유아들이 이해하기에는 조금 이르지만, 열심히 일하며 꿈을 찾아가는 언니의 모습을 보는 것만으로도 긍정적인 경험이 될 것이다. 호기심을 유발할 만큼의 적당한 판타지 요소도 들어있다.

히사이시 조의 영화음악은 미야자키 작품을 딸에게 보여주는 또 한 가지 이유다. 토토로와 포뇨의 주제가는 따라 부르기도 쉽거니와, 모든 영화에 인상적이고 명료한 배경음악이 깔리기 때문에 음악의 아름다움을 느끼게 해 주는 데도 도움이 된다. 김재인은 토토로에 푹 빠져있던 시절 사운드트랙만 들려줘도 어느 장면인지 다 기억해낼 수 있었다. 우리 딸이 제대로 인식한 최초의 사운드트랙이니, 기왕이면

히사이시 같은 세계적인 거장의 아름다운 선율이면 더 좋다.

디즈니에 이어 지브리까지 익히 알려진 애니메이션의 명가들만 이야기하게 되는 건, 애니메이션이라는 게 워낙 공이 많이 들고 기술력이 필요한 예술이라 거대 예산을 투입한 회사일수록 좋은 결과물을 뽑아내기 때문이다. 특히 디즈니는 어린이들에게 가장 적합한 메시지가 무엇인지 60년 넘게 고민해 온 회사라 그런지 스스로 끝없이 발전해 왔다. 지브리는 오래전부터 주체적인 여성 주인공과 생태적 메시지로 사랑받아 왔다. 부모들의 사랑을 받는 데는 이유가 있다.

딸의 말투가 귀엽더라도,
잦은 흉내는 금물

너무 무뚝뚝한 것도 문제지만 요즘 그런 아빠는 드물다. 오히려 사랑이 넘치는 나머지 딸보다 더 애교를 부리는 아빠들이 있다. 육아 예능 방송에서도 가끔 보인다. 아빠가 딸에게 "우리 ○○, 밥 먹어쪄요?"라고 물어보면 딸은 태연한 말투로 "응, 먹었어."라고 답하는 재밌는 모습들 말이다.

이처럼 특수한 경우 외에도, 유아들의 미성숙한 언어 습관을 보호자가 따라 하는 경우는 흔하다. 보통 아이의 언어가 재미있거나 귀여워서 따라 하게 되는 경우다. 아이가 "아빠, 무."라고 했을 때 물 달라는 뜻으로 알아듣는 건 보호자의 능력이다. 그러나 여기서 나아가 "응, 아빠 무."라고 그대로 따라 하면서 낄낄 웃으면 아이의 발달에 작게나마 악영향을 미치게 된다.

아이의 언어능력은 주로 보호자를 모방하며 발달한다. 아이가 어떤 말투를 쓰건, 보호자는 '뛰어난 한국어 능력자'로서 정상적인 한국어의 예를 보여줘야 한다. 예를 들어 "아빠, 물."이라는 말을 들었다면 물컵을 가져다주는 동시에 "물 마시고 싶구나."라고 완성된 문장으로 바꿔 되돌려주는 것이 언어 능력을 일찍 발전시키는 대표적 전략이다.

한국어는 유독 어순이 뒤죽박죽이고, 문법을 대충 어겨도 말이 통하는 언어다. 방송 인터뷰나 TV 토론을 받아 적어 보면, 한국어의 구어체와 문어체 사이에 얼마나 괴리가 큰지 쉽게 알 수 있다. 그러나 말을 배워가는 아이에게는 가급적 완성된 한국어를 들려주면 좀 더 빠른 언어 습득을 돕는 효과가 있다. 예를 들어, 우리는 흔히 "재인아, 가져와라 저거. 저기 저 빨간 거. 컵."이라는 식으로 이야기하곤 한다. 그러나 유아에게는 "재인아, 저 빨간 컵을 아빠에게 가져다줄래?"라고 어순을 지켜 이야기해 주면 문법에 대한 감각을 더 빠르게 키워줄

수 있다.

부모가 색채와 소리 등 감각에 관한 언어를 풍부하게 쓰면 아이의 표현력이 발달한다고 알려져 있다. 한국어는 색채를 뭉뚱그려 말하는 성향이 강한 언어이기도 하다. 예를 들어 신호등의 초록불을 '파란불'이라고 하듯이, 파랑과 초록을 대충 비슷한 것으로 처리하는 경우가 많다. 아이와 이야기할 때만큼은 평소에 잘 쓰지 않던 단어까지 총가동하면 대화가 더 풍성해지는 걸 느낄 수 있다. '꽃분홍', '진보라', '군청색' 등을 구분해서 이야기해 주면, 아이들은 꽃분홍과 분홍이 어떻게 다른지 스스로 알아채려 노력하는 과정을 통해 자신의 시각을 더 적극적으로 활용하게 된다.

내 새끼가 귀여워 죽겠는 아빠들의 마음은 이해하지만, 그럴 때 아빠의 언어가 먼저 퇴행하면 아이는 보고 배울 언어를 잃어버린다. 특히 주 보육자일 경우에는 평소보다도 더 정돈된 언어를 쓰기 위해 노력할 필요가 있다.

TIP

언어가 발달하는 순서

5살 정도 되는 유아들의 대화를 보고 있으면, 사실은 두 개의 혼잣말이라는 느낌을 받을 때가 있다. 한 아이가 "안녕."이라고 인사하면 다른 아이는 "너 멜빵바지 입었어?"라고 물어본다. 그럼 첫 번째 아이는 인사를 무시당했는데도 아랑곳하지 않고 "나 어제 김재인이랑 놀았다."라고 말한다. 두 번째 아이 역시 "멜빵바지 나도 있는데."라며 자기 할 말만 한다.

이는 유아기 아동의 특징인 자기중심적 사고에서 비롯되는 모습이다. 김재인의 어린이집 친구들은 5세(만 3세) 반을 거치면서 서서히 대화가 가능해졌다. 친구에 대한 관심이 많은 아이들부터 차례로 상호작용을 시도했고, 시간이 더 지난 뒤에야 삼삼오오 앉아 조잘조잘 떠드는 모습을 볼 수 있었다.

193

보통 언어 발달 단계에서 어휘가 폭발하는 시기는 생후 18개월이다. 이때부터 생후 5년까지 폭발적 성장이 지속된다고 본다. 아이들의 말이 쑥쑥 늘면서 부모를 흐뭇하게 하는 시기가 이때다. 새로 익힌 단어를 구사해보려다 약간 잘못된 표현을 쓰면, 그 모습이 특히 귀엽다. 물론 부모 입장에서는 귀엽다며 웃어넘기지 않고, 틀린 말이라며 교정하지도 않고, 그 단어를 쓰는 적절한 예를 들어주면서 넘어가는 편이 이상적이다.

아이들과의 대화는 인내심을 필요로 한다. 어른이 듣기에는 아예 언어가 아닌 소리를 내는 아이도 있고, 부정확한 발음 때문에 몇 번씩 되물어야 하는 경우도 있다. 김재인은 말을 제대로 완성시키고 싶은 욕구가 강한지 이야기 중간에 잠깐 끊고 생각하다가 말하는 경우가 많다. 그럴 때 "너 이 말 하려고 했지?"라며 아빠 멋대로 요약하지 않는 편이 낫다. 아이가 스스로 말을 마치도록 기다린 뒤, 잘못된 표현이나 자신만의 표현이 있다면 그 표현에 대해 스스로 설명하고 인식할 수 있도록 대화를 이어나가는 것이 중요하다.

CHAPTER 5
함께
여행 가기

강제로 240시간
붙어있는 체험의 가치

어린애를 데리고 여행은 왜 가나? 가족여행은 이 질문에서부터 출발한다. 내 어린 시절을 돌이켜보자면, 초등학교 저학년 때까지의 여행은 거의 기억에 남지 않았다. 주위 사람들에게 물어봐도 최초로 기억하는 여행은 대략 초등학교 4학년 즈음부터다. 김재인도 지금까지 다닌 많은 여행을 20년 뒤에는 다 잊어버릴 것이다. 그런데 왜 아이를 데리고 광야로 뛰어들어야 하는 걸까?

가장 근본적인 이유는, 강제로 아이와 붙어 있기 위해서다. 한 아버지는 일이 바빠 아들과 충분히 시간을 보내지 못하다가 큰맘 먹고 유럽으로 보름에 걸친 가족 여행을 떠났다. 아들은 파리의 풍광을 거의 기억하지 못하지만, 중요한 건 보름 동안 딱 붙어있었다는 것이다. 그리 가깝지 않았던 부자 관계는 여행 이후 급속도로 친밀해졌다고 한다. 여기서 '여행 기간만큼 집에서 붙어있으면 되는 거 아니냐'라고 의문을 제기할 사람이 있겠지만, 나는 되묻고 싶다. 4박 5일 동안 해외 여행을 다녀오는 것과 같은 기간 동안 집에서 육아만 하는 것 중에서 어느 쪽이 더 힘들까? 육아를 해 본 사람이라면 별 차이가 없다는 걸 알 것이다.

여행은 아이의 성장을 촉진시킨다. "여행 한 번 다녀오면 훅 자랄 걸."이라는 말에 대부분의 부모가 공감한다. 완전히 새로운 풍광, 맡아보지 못했던 공기 속에서 며칠 생활하다 돌아온 아이는 비록 영아일지라도 뭔가 달라진 모습을 보인다. 아이는 집과 어린이집 등 몇몇 장소로 한정된 작은 세계만 인식하며 살아가는데, 여행을 통해 그 바깥을 보면서 신선한 충격을 받는 것 같다. 세트 바깥으로 처음 나간 〈트루먼 쇼〉의 트루먼 같은 느낌이 아닐까.

아이에게는 추억이 남지 않지만, 부모에게 추억이 남는다는 점도 중요하다. 부모도 재미있어야 하지 않겠나. 둘일 때 찾았던 여행지를 셋이 되어 다시 찾고, 아이와 함께 사진을 찍어 남겨두는 것만으로도 새로운 즐거움이 찾아온다. 고생할 가치는 늘 충분하다.

체험, 대자연, 문화, 예술 순서로

나는 파리를 좋아한다. 아내와 단둘이 해외여행을 간 적이 세 번 있는데, 그중 두 번을 파리로 갔다. 파리는 취향이 갈리는 도시다. 특히 남자 중에서는 절반 정도가 파리 여행을 꺼리는 것 같다. 쾌적한 환경과 명료한 식도락을 우선시하는 사람들은 파리를 싫어하고, 미술관과 오래된 건물을 우선시하는 사람들은 파리에 쉽게 매료된다.

내 취향은 어린이들을 위한 여행 코스와 정반대라고 할 수 있다. 아이들에게 가장 가깝게 다가가는 여행은 '체험형 여행'이다. 다른 말로는 액티비티라고 한다. 영유아들은 아직 순수예술의 아름다움도, 자연의 아름다움도 느끼지 못하는 경우가 많다. 대신 재미있는 경험이라면 아이들에게도 충분한 의미가 있다.

체험의 범주는 넓다. 산호가 있는 바닷가에서는 발아래로 지나가는 열대어를 구경하는 체험을 한다. 대형 놀이동산에 가면 좋아하는 만화 속 주인공이 되는 체험을 할 수 있을 것이다. 바다거북이 출몰하는 나라의 해변에서는 책에서 읽었던 바다거북을 실제로 만나는 즐거움을 느낄 수 있다. 그런데 체험이란 이처럼 거창한 것만 의미하진 않는다. 김재인이 이층 침대를 좋아한다는 걸 잘 아는 아내는, 용인에서 1박을 할 때 일부러 이층 침대가 딸린 방을 골랐다. 김재인은 그 방을 놀이터 삼아 한참 놀았고, 그날에 대한 이야기를 몇 달에 걸쳐 반복했다.

동물원, 수족관, 식물원 역시 큰 범주에서는 체험이다. 책에서 보던 친구들이 살아 움직이는 체험, 특히 '무섭다'는 글씨로만 접했던 맹수들이 어떤 눈빛을 쏠 줄 아는지 직접 맞아보는 건 큰 의미가 있다. 물론 동물원에 처음 간 김재인처럼 코끼리보다 타란튤라를 더 좋아해서 부모로 하여금 본전 생각이 들게 만드는 아이들도 있지만, 어느 동물을 보든 무슨 상관인가. 즐거우면 그만이지. 그런가 하면 스포츠를 좋아하는 어린이들은 사랑하는 해외 구단의 경기를 직접 찾았을 때 하나같이 큰 감동을 받는다고 한다. 한국에서 경험하기 힘든 인파 속에서 함께 소리 지르는 건 확실히 강렬한 경험일 것 같다.

멋진 풍경을 보여주고 싶다면, 아기자기한 것보다 스케일이 큰 것 위주로 보여주는 것이 좋다. 나는 친척들을 만나러 초등학생 때 딱 한 번 가봤던 미국의 모습을 지금도 생생하게 기억한다. 멋져서가 아니라, 모든 게 너무 컸기 때문이다. 집 근처에서는 보기 힘든 수평선, 지평선, 엄청난 넓이의 눈밭, 꽃밭 등의 풍경은 어린이에게도 충분히 강한 인상을 심어줄 수 있다.

나는 김재인이 얼마나 수준 높은 여행을 소화할 수 있는지 늘 관찰한다. 예나 지금이나 유아용 만화는 세계 곳곳을 돌아다니는 내용으로 구성되기 쉬운데, 만화 속 주인공은 세계 곳곳을 돌아다니지만 아직 김재인은 도시에 관심이 없다. 〈출동! 슈퍼윙스〉에 나오는 파타고니아와 모스크바에도 관심이 없고, 〈소녀탐정 사건파일〉에 나오는 바르셀로나와 파리에도 반응하지 않는다. 오히려 용인 에버랜드에 다녀온 걸 가장 재미있던 여행이라고 하며, 그날이 떠오르면 거실과 자기 방을 오가며 '여행 놀이'를 한참 한다. 아직은 이 정도인 것이다.

아이와 단둘이
비행기 타기

처가가 제주도인지라 아이와 단둘이 비행기를 탈 일이 종종 생긴다. 흔한 경험은 아니다. 보통 비행기를 타고 가는 여행은 보호자가 둘 이상 함께하는 경우가 많다. 아빠 혼자, 또는 엄마 혼자 아이를 데리고 여행을 떠나는 건 다들 꺼리는 일이다.

나도 처음에는 긴장했으나, 막상 한두 번 해 보니 그리 어렵지 않다는 걸 깨달았다. 그중 압권은 새벽 5시에 일어나 김포공항으로 가야 했던 날이다. 나는 제주도에 용무가 있었고, 장모님께 김재인을 위탁

드리고 일을 하러 이동해야 했다. 꼭두새벽 비행기밖에 시간이 나지 않았다. 새벽에 일어나 대충 싸 둔 짐을 현관에 모아두고 아직 잠들어 있는 김재인에게 조심조심 옷을 입히려는데, 눈을 번쩍 뜨고 말았다. 그 순간 나는 지옥을 예감했다. 지금부터 제주공항에 내리는 순간까지 엄청난 잠투정이 쏟아질 거라고. 눈치를 보는 내게, 김재인은 뜻밖에 생글생글 웃는 얼굴로 지금 출발하는 거냐고 물었다. 낮은 확률로 발동되는 '졸려서 기분 좋은 김재인'이 된 것이다. 김포공항으로 가는 방법은 택시뿐이었는데, 택시 안에서 내게 안긴 채 "아빠, 나 지금 좀 불편한데. 헤헤."라고 말하는 김재인은 본의 아닌 효도를 한 셈이었다. 아이를 챙기며 먼 거리를 가는 것이 뜻밖에 수월하게 풀릴 때도 있었다.

물론 일반적으로 볼 때 아이가 졸린 건 위기 상황이다. 2018년 월드컵 당시 취재를 위해 도시를 옮겨 다니다가 한 선수의 가족을 만나게 됐다. 러시아의 니즈니 노브고로드에서 모스크바를 경유해 상트페테르부르크로 가는 여정이었는데, 환승 수속을 할 때 이미 자정을 넘긴 시간이었다. 선수의 아내는 당시 만 3세였던 아이를 데리고 단둘이 응원 여행을 다니고 있었다. 문제는 잠 때문에 넋이 나가버린 딸이 엄마의 통제를 벗어났다는 것이다. 엄마가 이런저런 수속에 치이다가 문득 뒤를 돌아봤을 때 유모차가 텅 비어있던 적도 있었다. 엄마는 다급하게 아이의 이름을 불렀고, 아이는 잠시 후 조금 떨어진 벤치 위에서 잠에 취한 얼굴로 까르륵거리며 나타났다.

여행을 떠날 때는 아이에게도 바퀴 달린 여행 가방을 하나 쥐어주는 편이 좋다. 우리는 평소에는 아이를 태우는 목마로, 비행기 안에서는 간이침대로 변신하는 여행 가방을 샀는데 사실 큰 도움이 되지 않았다. 목마형 여행 가방은 수납 능력이 떨어질 뿐 아니라, 어른이 끌어줘야 한다는 치명적인 단점이 있다. 아이가 떨어질 위험이 늘 존재하기 때문에 안전 측면에서도 단점이 더 많았다. 아이가 재미있어한다는 점, 여행이 끝난 뒤에도 장난감으로 쓸 수 있다는 점 정도가 장점일 뿐이다. 짐이 적고 어른이 여러 명이라면 그중 한 명이 아이의 목마를 끌어주면 되지만, 그렇지 않다면 목마 역시 짐짝이다. 대신 아이 스스로 트렁크를 끌고 다니며 자신의 장난감과 옷가지 정도를 간수하게 하면 책임감도 고취시키고, 여행의 재미도 높일 수 있다.

여행을 준비하다 보면 내 취향을 버리고 아이에게 맞출 것이 많은데, 그중 간과하기 쉬운 게 비상식량이다. 나는 해외에 나갈 때 고추장

이나 라면 등을 전혀 가져가지 않는 쪽이다. 어느 나라 음식이나 잘 받아먹는 식성이라서다. 먼 타향에서까지 한식당에 가는 게 시간 아깝다는 생각도 한다.

그러나 김재인은 나와 달리 시골 입맛이 지나쳐서, 외국 음식을 반복해서 먹다 보면 결국 밥을 찾는 아이였다. 나를 빼고 다녀온 하와이 여행에서는 반찬으로 김치가 나오는 족족 먹어치웠다고 한다. 이런 아이에게는 밥, 김치, 김이 필요하다.

특히 아이가 아프거나 컨디션 저하를 겪는다면 집밥을 찾을 가능성이 높아진다. 해외여행 필수품으로 어린이용 상비약을 챙기는 건 기본이지만, 약 외에 아픈 아이에게 무엇이 필요한지 겪어보기 전에는 알기 힘들다. 김재인은 태국에서 구토, 설사를 겪었다가 회복된 뒤 갑자기 입맛이 뚝 떨어져서 원래 먹던 걸 찾기 시작했다.

그때 우리를 구원한 건 우리 어머니가 가져오셨던 말린 누룽지였다. 햇반만 해도 부피와 무게가 상당하기 때문에 안 그래도 챙길 게 많은 어린이 여행에는 부담스럽다. 누룽지는 쉽게 밥 대용, 또는 죽 대용으로 쓸 수 있다. 여기에 김을 조합하면 아픈 아이도 넙죽넙죽 잘 받아먹는 즉석 환자식이 된다. 부피와 무게를 거의 차지하지 않는다는 것도 큰 장점이다. 아이의 컨디션이 멀쩡하다면 한국까지 들고 와야 하는 게 아니라 과자 삼아 뜯어먹고 다니기도 좋다. 흔히 해외여행 때 챙겨가는 컵라면, 참치, 고추장이 모두 어린이와는 맞지 않는다는 점까지 감안하면 누룽지와 김이 더 소중했다.

식량뿐 아니라 무엇이든 짐가방에서 차지하는 공간을 고려할 필요가 있다. 아이와 함께 가는 여행은 혼자, 혹은 커플로서 떠났던 여행에 비해 훨씬 많은 준비물이 필요하다. 아직 기저귀를 차는 나이라면 날이 갈수록 기저귀가 줄어드는 만큼 가방에 빈 공간이 생길 것이므로 기념품을 넣을 자리가 저절로 생긴다. 반면 미처 생각하지 못한 어린이 물건을 현지에서 급히 조달했다가(특히 수상 안전 관련 물품들) 가져올 공간이 부족해 싸구려 가방까지 사고, 이동할 때마다 질질 끌고 다니는 경우도 발생한다.

물놀이 도구는 처음 살 때부터 여행 가방에 잘 들어가는지 계산해야 한다. 어린이용 튜브 등 각종 도구 중에는 공기주입형이 아니라 큰 부표로 된 것도 있고, 공기주입형이지만 접을 수 없는 뼈대가 꽤 크게 자리 잡은 것도 있다. 국내 여행이라면 차에 싣고 다니면 되니 아무런 문제가 없지만 해외여행일 경우 이야기가 달라진다. 아이와 어른의 수영 도구만 모았는데 트렁크 하나가 꽉 차는 사태가 벌어질 수 있다.

TIP

여행 중인 부모는
아플 자격이 없다

아프지 말라는 게 뭔 하나 마나 한 소리냐고 따지고 싶으실 수도 있다. 그러나 진짜 진심으로, 아이와 함께 여행하는 부모는 아프지 말아야 한다.

여행자 중에는 모든 계획을 꼼꼼하게 짜고, 모든 상비약을 챙겨 다니는 사람이 있다. 반면 적당히 느슨하게 다니는 게 좋다고 생각하는 사람도 흔하다. 나는 명백히 후자다. 특히 직업상 여러 나라로 해외 출장을 다니다 보니 '아무 준비하지 않고 떠나도 다 해결된다'는 여행관이 정립됐다. 음식도 아무거나 막 주워 먹고, 숙소 청결에도 그리 신경 쓰지 않으며 여기저기를 돌아다니곤 했다.

그런데 나 같은 사람일수록 꼭 아이와 함께 다니면 한 군데씩 탈이 난다. 최악은 태국 여행 당시였는데, 김재인이 토사곽란에서 회복한 다음날 내가 위장을 싹 게워내고 드러누웠다. 내 컨디션은 그나마 일찍 회복됐지만 김재인은 남은 여행 내내 고생했다. 내가 골골거리는 동안 아내가 아픈 김재인을 돌보느라 초긴장 상태로 하루를 보내야 했다.

타향에서 혼자 아픈 것도 서럽지만, 보호자가 되어야 하는 입장에서 아프면 가족에게 큰 폐를 끼치게 된다. 아이와 함께 다니는 중이라면 평소보다 음식도 조심하고, 청결에도 주의하고, 특히 식수에 신경써야 한다. 모든 면에서 정신을 바짝 차려야 하는 것이 부모다. 아이를 돌보다 보면 긴장 때문에 가벼운 증상 같은 건 느끼지도 못한 채 흘려보내게 된다. 그러나 장염이나 식중독이라면 정신력으로 버틸 수만은 없는 법이다.

내가 먹는 음식이 곧 아이가 먹는 음식으로 이어질 가능성도 높다. 아이에게는 신경 써서 청결한 음식을 놓아줘도, 먹다 보면 내 접시에 있는 음식까지 아이의 입으로 들어가기 십상이다. 온 가족이 말짱하게 여행을 마치는 것이 중요하다.

큰맘 먹고 데려왔는데,
왜 투정만 부려?

    부모는 아이에게 기대하는 게 많다. 큰맘 먹고 휴식시간을 반납해 가며 해외까지 왔으니, 내가 고생한 만큼 아이는 즐거워하기를 기대한다. 또한 '여행을 통해 쑥쑥 자란다'는 육아 선배들의 경험담대로 우리 아이의 성장을 눈으로 확인하고픈 마음이 든다.

    그런데 여행 과정에서 아이를 관찰해보면, 부모의 기대에 부응하는 순간보다 오히려 거꾸로 가는 순간이 많다. 성장은커녕 퇴행의 기색을 보이는 것이다. 딱히 피곤해 할 스케줄이 아닌데 시무룩하게 앉

211

아 있다가 "안아줘." 소리만 반복할 수도 있다. 말귀를 잘 알아듣던 아이가 갑자기 12개월 전으로 돌아간 것처럼 이해력이 떨어지는 모습을 보일 수도 있다. 퇴행의 가장 직접적인 징후인 아기 흉내를 낼지도 모른다. 부모가 어떤 말을 하든, 아이가 "응애." 소리만 낸다거나 하는 경우 말이다.

그러나 조바심을 내지 않고 여행의 과정을 잘 견디고 나면, 결국에는 아이의 성장을 확인할 수 있을 것이다. 많은 아이들이 낯선 환경에 대한 두려움을 느낀다. 작은 세계에서만 살던 아이가 갑자기 새로운 세계에 떨어졌으니 아무리 부모와 함께라고 해도 거부감을 느끼는 건 당연하다. 그런 환경이니 더욱 보호받고 싶다는 신호를 부모에게 보내는 걸지도 모른다.

내가 "왜 어린이인데 아기 말투를 써?"라고 묻자, 김재인은 날 빤히 보며 이렇게 답한 적이 있다. "아빠, 어린이가 왜 아가 말투를 쓰는지 알아? 아빠가 보고 싶어서 그런 거야." 요물 같은 소리였지만 사실은 정답이었다. 내가 보고 싶다는 건, 주 보육자인 내 품으로 파고들고 싶은 마음이 들었다는 뜻일 터다. 아이는 두려운 것이다.

여행을 마치고 불안감과 피로가 다 가시고 나면 비로소 아이가 뭘

얻었는지 확인할 수 있게 된다. 여행에서 겪은 새로운 감각, 여행에서 본 새로운 모습들은 여전히 남아 있다. 어른처럼 그 기억을 조직화해서 재현하진 못하지만 멍하니 있을 때면 불현듯 떠오르는 기억이 될 것이다. 그래서 여행 이후 일주일 정도가 지나면, 아침 먹으러 식탁에 앉았을 때 갑자기 여행지 이야기를 불쑥 꺼내기도 한다. 길가에 지나가는 버스를 보면, 여행지에서 탔던 특이한 버스 이야기를 툭 꺼낼 수도 있다. 심지어는 몇 달이 지난 뒤 처음 꺼내놓는 추억들도 있다. 부모가 조바심을 내지만 않는다면 여행의 가치를 서서히 확인하게 된다.

김재인은 여행 동안 그럭저럭 즐거워 보였음에도 불구하고 집에 돌아왔을 때 가장 밝은 표정을 짓곤 했다. 그럴 때 부모로서 '집이 최고다. 여행은 무의미했나'라는 질문이 엄습한다. 곰곰이 생각해보면 다 쓸데없는 걱정이다. 여행은 스트레스다. 스트레스인 동시에 즐거움이다. 어른들 역시 여행 기간 내내 긴장과 흥분 속에서 시간을 보내는 것이지, 마냥 편안한 여행이란 없다. 심지어 리조트에 틀어박혀있을 때조차 숙소에서 제공하는 프로그램이 언제인지, 요 앞 섬까지 다녀 오는 요트를 한 번 타려면 어느 사이트에서 예약해야 하는지 계속

생각해야 한다. 아이들의 경우에도 낯선 것들을 계속 접하며 긴장 상
태를 유지해야 할 것이다. 그 긴장은 여행의 소중한 일부분이다.

낯선 숙소를
익숙한 공간으로 바꿔주기

아이가 눈에 보일 정도로 새 숙소를 꺼릴 때, 좀 더 익숙한 공간으로 탈바꿈시켜주면 안정시키는 데 도움이 된다. 평소 쓰던 스케치북, 색연필, 스카치테이프를 꼭 챙겨가는 게 첫 번째 단계다. 숙소에 도착하면 평소 좋아하던 그림을 그려 벽에 붙여둔다. 딸이 평소에 좋아하던 공주일 수도, 용감한 언니 캐릭터일 수도, 강아지나 고양이 같은 동물일 수도 있을 것이다. 특히 딸 방에 이미 그림이 붙어있었다면 최대한 비슷한 걸 그려서 붙여주는 간단한 행위로 '여기도 오늘부터 네 방이야'라는 메시지를 줄 수 있다.

애착 인형을 정해 둔 아이라면, 여행 갈 때 두고 갈 부모는 없을 것이다. 그 밖에도 아이가 즐겨 갖고 노는 장난감이나 인형을 제시한 뒤 "오늘은 따그닥이와 함

께 이 침대에서 저 소파로 뛰어넘어볼까?"라는 식의 놀이를 제시하면 곧 숙소를

놀이 공간으로 인식시킬 수 있다.

호텔 복도와 바깥 산책 공간을 함께 탐험해보는 건 어른들에게 별것 아니지만,

아이들에게는 말 그대로 모험이 될 수 있다. 처음 보는 길의 오르막과 내리막, 계

단과 비탈을 뛰어다니는 것만으로도 아이들은 즐거워한다. 그러다 길 가운데서

만난 설치미술에 직접 별명을 붙이고, 방으로 돌아와서 "엄마, 나 정원에서 호로

리를 만났어."라며 호로리가 뭔지 설명하다 보면 경계심 대신 호기심과 즐거움이

남는다.

아이가 좋아하는 숙소 종류를 기억해뒀다가 예약할 때 맞춤형으로 고르는 것

도 중요하다. 아이에게 선물을 한다는 마음으로 캐릭터 호텔을 예약하는 경우가

많은데, 너무 흥분해서 잠을 안 잘 수도 있긴 하지만 경계심을 풀고 즐거운 여행

을 만드는 데 도움이 된다. 김재인의 경우 이층 침대를 좋아한다. 아이에 따라 큰

거울이 있는 방을 좋아할 수도 있고, 욕조 목욕으로 새 공간과 친해지는 경우도

있을 것이다. 집에서 입욕제를 쓰는 아이는 같은 제품으로 목욕하면서 경계를 푸

는 경우도 있다.

구경도 활동도 줄이고, 그냥 걷기

　어린이의 여행에는 많이 걷고, 피부로 느낄 기회가 반드시 필요하다. 어른들은 자동차를 한참 타다가 잠깐 내리는 여행을 좋아할 수 있지만, 어린이들은 보통 이를 따분해한다. 아이들은 더 많은 관광명소를 찍고 다녀야 하는 이유를 모르고, 차 안에서 바깥을 구경하는 게 왜 여행인지도 잘 모른다. 김재인은 내가 드라이브라는 개념을 설명해 줬을 때 '카시트에 앉아서 바깥만 보는 게 어떻게 놀이일 수 있냐'는 반응을 보였다.

걷는다는 의미를 잘 생각해야 한다. 철저한 계획을 꼭 짜야 하는 사람들은 걷는 것조차 프로그램으로 만들어서 '걷기 명소 방문하기' 시간을 넣는다거나, 하이킹 코스를 잡는다거나 하는 경우가 많다. 가까운 예로는 각종 둘레길과 제주도의 비자림이 있겠다. 그러나 아이와 함께 걷는 여행은 계획을 덜 짜고, 즉흥적으로 벌어지는 '놀이'를 위한 시간을 남겨두는 것이다. 만약 아이가 어느 식당 앞의 별것 아닌 잔디밭에서 뒹굴기 시작했다면, 아마 그 놀이가 그날 여행 중 최고의 순간이 될 것이다. 그럴 때 다그쳐서 차에 태우기보다 내버려 두는 편이 더 즐겁다. 사실 나도 생각만 하고 제대로 실천하지는 못한다. 직간접적으로 들은 주위 경험들을 토대로 얻은 교훈이다.

특히 아이가 '꽂힌' 풍경이 하나 생겼다면, 음미를 마치고 스스로 물러날 때까지 기다려 주자. 어린이가 멋진 풍경에 매료돼 한참 쳐다본다는 건 쉬운 일이 아니다. 어른에게도 쉬운 일이 아닌데(일행 중 누군가는 얼른 다음 '필수 코스'로 가자고 재촉하기 마련이다) 아이들에게는 오죽하겠나. 그러나 확률이 낮을 뿐, 어린이들도 멍하니 자연 풍광을 쳐다볼 때가 있다. 김재인이 해안 도로 위에서 바다를 내려다볼 때가 그랬다. 반면 '무조건 김재인이 좋아할 수밖에 없는 곳'이라고 자신하며 데려간 아쿠아리움에서는 수조 여러 개를 눈길도 주지 않고 지나쳐 날 당황시키더니 뜻밖의 물고기 앞에서 한참 멈춰있기도 했다. 아이들이 매료되는 지점은 종잡을 수 없다. 그래서 아이와의 여행은 더욱 유연할 필요가 있다.

여백의 필요성은 도심 관광 중에도 마찬가지다. 김재인은 홍콩 여행 당시 컨디션이 영 좋지 않았다. 제대로 된 구경과 식도락을 즐길 수 없는 상태였다. 이 어린 것을 데리고 홍콩에서 뭘 하나 막막해 하고 있을 때, 아내가 이층버스를 제안했다. 예전부터 김재인이 호기심을 갖고 있던 이층버스를 타고 홍콩 시내를 정처 없이 돌아다니며 구경하자는 것이다. 꽤 성공적인 아이디어였다. 김재인은 기운이 없는 상태에서도 2층에 앉아있는 자신을 즐겼고, 여행이 끝난 뒤에도 이층버스 이야기를 오래 했다.

CHAPTER 6
믿고
기다리기

설레발은
필패

나는, 가슴에 손을 얹고 말하건대, 내 아이에게 지나친 기대도, 지나친 걱정도 실망도 하지 않는 아빠다. 그러나 나조차 '딸바보'라는 놀림을 당할 때가 있다. 내가 "오 역시 김재인, 혼자 맞췄어?"라고 말하면 옆에 있던 사람이 "그거 내가 맞춰준 거야. 역시 딸바보는 어쩔 수 없구먼."이라고 핀잔을 주는 상황 말이다. 부모는 흔히 자녀에 대한 기대를 미리 형성해 둔다. 아이가 기대에 미치지 못하면 미숙한 것이 아닌지 걱정하고, 아이가 기대를 넘어서면 쉽게 흥분한다.

특히 유아기 아이의 부모는 자식에 대한 평가가 널을 뛴다. 내 아이가 남들보다 빠른지 느린지 신경 쓰는 한국 문화에서 어쩔 수 없는 일인지도 모른다. 내 자식이 또래를 추월했는지 궁금해하는 건 배밀이 할 때부터 시작된다. 옆집 아이보다 일찍 걸었는지, 똥오줌을 일찍 가리기 시작했는지, 일찍 글을 썼는지, 노래를 음정에 맞게 불렀는지, 영어 단어를 몇 개 배워 읊을 수 있는지 등등 끝없는 질문과 씨름한다.

그러나 대부분의 경우 시간이 조금만 지나면 천재도 바보도 아니라는 결론이 난다. 당연한 일이다. 천재나 바보가 어디 그렇게 흔한가. 우리 아이가 글을 쓸 때 옆집 아이는 못한다면, '글쓰기 능력'이라는 측면에서 100점 대 0점의 차이가 난 것처럼 보인다. 그러나 두세 달만 지나도 두 아이의 글쓰기 능력이 어느새 별 차이 없어진 모습을 볼 수 있다. 또한 옆집 아이를 잘 관찰하면 우리 딸보다 더 재능 있는 영역을 여러 개 발견하기도 한다.

요즘 흔히 쓰는 말처럼 설레발은 필패다. 쓸데없는 기대를 드러내며 부산을 떨다 보면 결국 민망한 결말을 맞이하게 된다. 부모는 아이를 관찰하기 마련인데, 이때 부모의 필터로 아이를 재단하기보다 있는 그대로 봐 주는 게 '설레발 없는' 육아의 첫걸음이 될 것이다.

시골로 간 서울 아이의
완벽한 적응

    3, 4세 때 김재인은 외갓집에서 보름 정도 머물다 돌아오곤 했다. 태어난 직후부터 장모님께서 육아를 많이 도와주셨는데, 나와 아내가 동시에 출장을 가는 사태가 발생하면 어쩔 수 없이 장모님께 의탁해야 했다. 우리 집의 특별한 점은 그 외갓집이 제주도라는 것이다. 아내가 어렸을 때는 제주시 시내에서 살았지만, 지금 처부모님은 낙향하셨다. 김재인이 외갓집에 간다는 건 본격적인 시골 생활을 하게 된다는 뜻이었다.

어렸을 때 시골에서 살았던 나조차 '더 시골'에 갔을 때의 기억이 깊게 남아 있다. 동생과 놀러 갔던 고모 댁은 섬이었다. 난생처음 여객선을 탄 기억, 같은 농촌이지만 우리 동네와 미묘하게 다른 환경, 더 낡은 마을 풍경과 시설들을 보며 낯설어했던 감정들이 여전히 떠오른다. 그에 비하면 김재인은 도시에서 태어나 도시에서 자란 아이다. 시골에서 아빠 없이 오래 지내는 것이 어떤 영향을 미칠지 알 수 없었다. 나보다 장모님을 더 따르던 영아기에는 괜찮았는데, 내게 애착을 보이는 유아기에는 아이의 정서가 불안정해질까 봐 걱정하기도 했다. 여기에 처부모님에 대한 죄송함과 민망함이 더해지면서 매시간이 좌불안석이었다.

그런데 막상 처가를 찾아가 김재인과 재회했을 때, 내가 본 건 기대 이상으로 시골 생활에 잘 적응해 있는 '촌년'이었다.

마을 산책을 나가면, 몇 번 놀러 가본 동네 오빠의 집이 어디인지 나를 정확히 안내했다. 밭에 나가서 풍뎅이가 참외를 파먹는 모습을 뚫어져라 관찰하기도 하고, 학교 운동장에서 처음 보는 언니들과 인사를 나누며 뛰기도 했다. 밤에는 반딧불이도 볼 수 있다고 했다. 내 고향 동네는 재개발됐기 때문에 김재인에게 유년시절의 경험을 물려주는 게 불가능했는데, 뜻밖에도 제주도에서 기회를 잡은 것이다.

김재인은 옆집 남매들과 어울려 얕은 돌담 사이를 쏘다니고 있었다. 절친이 따로 없었다. 서울 아파트에서만 자란 김재인이 처음으로 골목의 개념을 알게 되고, 또 이웃의 개념을 알게 된 시간이었다. 아무 때나 옆집에 불쑥 쳐들어가서 친구를 불러내는 건 유년기의 특권이다. 제주도에서 그 경험을 겪고 나서야 서울에서도 이웃을 사귀었다. 아파트 옆 동 친구의 집에 놀러 가서 시간을 보내기 시작하면서, 김재인에게도 여기가 우리 '동네'라는 감각이 생겨나고 있다.

그러니, 생소한 환경에 아빠 없이 던져놓아 보는 건 꽤 가치 있는 일이다. 나와 함께할 때 가장 편안함을 느끼는 아이지만, 새로운 환경을 두 번째 보금자리로 삼아보는 건 약간 마음이 불안정하더라도 김재인이 조금 더 자라는 계기가 되어줬다.

우리 자녀는 생각보다
이해력이 좋다

아이를 보며 '나도 책 좀 읽어야겠다'고 자극을 받을 때가 있다. 아이들은 '배우는 기쁨'을 온몸으로 표현해 주기 때문이다. 아이들의 질문을 받았을 때, 해답을 제시하는 걸 넘어서 원리와 재미있는 상식을 함께 전달해 주면 눈을 빛내며 듣는 아이들을 볼 수 있다. 김재인뿐 아니라 김재인의 다양한 친구들 대부분이 각자 호기심을 품고 있었다. 돌이켜보면 게으르기 짝이 없었던 내 유년시절에도 호기심을 충족시키는 일만큼은 스스로 찾아 나설 정도로 흥미로웠던 것 같다. 아이들은 각자의 작은 세계를 점점 확장시켜나가는 중이다.

김재인의 호기심에 답하며 깨달은 것 중 하나는, 부모가 자녀에게 오히려 너무 쉽게 말하는 경향이 있다는 것이다. 아이들이 조금 복잡한 개념을 질문하면 부모가 지레 포기하고 설명을 아예 멈추는 경우가 많다. 나도 곧잘 그랬는데, 한두 번 설명을 시도했더니 김재인이 생각보다 잘 알아듣는 걸 볼 수 있었다. 부모가 먼저 '딱딱한 설명'이라고 인식하지 않고 재미있는 이야기처럼 들려주면 아이들도 따라서 재미를 느낀다. 삼단논법이 두세 번 반복돼야 하는 복잡한 개념이 아니라면, 원리까지 설명해 주는 게 사실만 답하는 것보다 더 재미있다. 그러면서 점차 깨달았다. 그동안 나는 김재인의 질문에 5세 수준의 답변을 한다고 생각했지만, 사실은 고작 3세 수준의 답변에 그치곤 했던 것이다. 훨씬 어렵게 이야기해도 김재인은 알아들을 준비가 되어 있었는데 말이다.

예를 들어, 변기의 버튼을 누르면 똥은 왜 없어지는 걸까? 김재인이 이 질문을 던졌을 때 좌변기 물탱크 뚜껑을 열어 보여주는 것만으로도 오랫동안 흥미롭게 놀 수 있었다. 좌변기 물탱크에 자동으로 적정량의 물만 차오르는 원리는 말로 설명하려면 복잡하지만, 직접 보

면 5살도 충분히 이해할 수 있다. 내가 그동안 눌렀던 버튼이 물탱크의 어느 마개를 열어서 물을 내려보내는지, 그게 저절로 닫히는 원리는 뭔지, 쉽게 파악할 수 있는 것이다.

물론 좌변기의 원리는 죽을 때까지 모르고 살아도 아무런 문제가 없다. 필요한 지식이라 배우는 게 아니라, 인과관계가 있는 현상을 직접 관찰하면서 관찰과 사고의 원리를 익힐 수 있기 때문에 탐구하는 것이다. 버튼을 누른다는 행위가 어떤 과정을 거쳐 '똥의 여행'이라는 결과로 이어지는지 눈으로 보면서 아는 과정이다. 인과관계를 탐구하는 데서 재미를 느끼기 시작하면 나중에 학업에 대한 관심이 높아지고, 이해력도 계발된다고 한다.

일찍부터 윤리적 질문을 던지는 것 역시 수준만 잘 맞춰준다면 뜻밖에 아이들이 쉽게 이해하는 걸 볼 수 있다. 나이가 든 뒤 키우기 힘든 인권 감수성과 환경 감수성을 자연스럽게 심어주는 의미도 있다.

김재인은 부모가 딱히 의도하지도 않았는데 환경 감수성 비슷한 것이 생기고 있다. 초등학교 교과과정에서 환경오염 문제를 본격적으로 다루는 건 6학년 때부터다. 김재인이 물려받은 동물 책이 하필 초등학생용이라, 동물 사진을 본 뒤에는 '왜 플라스틱 쓰레기가 바다거북을 병들게 하는지' 설명하는 페이지를 읽곤 했다. 읽어주면서 딱히 이해할 거라는 기대는 하지 않았다. 그런데 놀랍게도, 여행 중 바다거북을 실제로 만났을 때 어떻게 보호해야 하고, 왜 쓰레기를 버리면 안 되는지 이야기하는 건 김재인 하나였다. 그동안 김재인에게 책을 읽어준 보호자들은 다 잊고 있었지만 김재인만큼은 '바다거북과 공존하려면 모두의 실천이 필요하다'는 메시지를 그동안 이해하고 있었던 것이다.

이를 보면, 생태계에 대한 복잡한 이론이 아니라 환경 감수성을 기르는 건 4, 5세 때도 충분히 가능한 일이다. 요즘 어린이집에서는 '청개구리를 손으로 잡으면 개구리가 다친다(피부호흡에 방해가 된다)'는 점도 가르쳐준다. 쓰레기를 줄여야 한다는 말을 듣더니, 김재인은 스스로 '쓰레기를 장난감으로 만들어버리면 되겠네'라는 해결책을 도출했다.

TIP

조금 도와줘도 될까?

아이가 어떤 문제에 대한 답을 찾을 때, 부모가 답을 말하지 말고 기다려야 한다는 것. 아이 안 키워본 사람에겐 너무나 빤한 말 같지만, 사실은 똥 참는 것만큼이나 참기 어려운 문제다. 딸이 신발 신는 방법을 처음 익히던 시절로 돌아가 보자. 즉시 아이를 카시트에 던져 넣고 출발하지 않으면 약속시간에 늦을 상황인데, 아이는 왼발에 오른쪽 신발을 끼운 뒤 잘 들어가지 않자 멍한 표정으로 아까 먹은 간식 생각을 하고 있다. 이럴 때 부모는 돌아버리는 것이다. 육아 지침서를 읽어보면 '시간을 넉넉하게 잡고 움직이세요'라는 답만 나오는데, 정답이긴 하지만 짜증 났을 때 들으면 약 올리는 것처럼 들린다.

그나마 천성이 느긋한 편인 내 경우, 마음의 평정을 되찾고 스스로 문제를 해

233

결하도록 적당히 도우려 노력하지만 성격상 아이 발에 신발을 '조립'하고 후다닥 뛰어나가는 사람도 있고, 아이의 그 모습이 너무나 짜증 난 나머지 말을 걸지 못하고 옆에서 쏘아보기만 하는 사람도 있다. 물론 나도 다 해봤다.

부모가 개입하되, 조언만 하고 마지막 해결을 아이 스스로 할 수 있도록 남겨두는 것이 중요하다. 유아는 참을성이 부족하므로 문제가 잘 해결되지 않으면 곧 짜증을 내거나 흥미를 잃기 쉽다. 16피스 퍼즐을 어려워한다면 왼쪽 8개만 제시해주면서 오른쪽 절반을 가려주는 식으로 난이도를 낮춰줄 수 있다. 혹은 '1단계는 한쪽 귀퉁이가 둥근 퍼즐 4개를 모으기, 2단계는 그 4개를 각 귀퉁이에 놓아보기, 3단계는 재인이가 좋아하는 아리의 분홍색이 들어간 퍼즐만 찾아서 모아보기, 4단계는 아리 완성하기, 5단계는 아리를 어디에 놓으면 좋을지 아빠와 함께 찾아보기' 식으로 단계를 설정해 주면 진전이 빠르다. 그렇게 요령이 한 번 생기고 성취감을 얻으면 그 뒤로는 혼자 할 수 있게 된다.

스스로 문제를 해결하는 경험은 '나도 할 수 있다'는 기대, 즉 자기효능감으로 이어진다. 자기효능감은 긍정적인 자아를 형성해가는 데 큰 도움을 준다. 그러므로 아이가 문제 앞에서 버벅거리고 있을 때 우리는 답답한 마음을 잠시 접어두고, 혼자 해결하라고 방치하는 것도 아니고, 조력자로서 도와야 한다. 어린이 만화 주인공에게 늘 따라붙는 감초 조연 캐릭터, 그게 아빠의 역할이다.

내 경험상 특히 중요한 건 개입하기 전 미리 동의를 구해야 한다는 것이었다. 아이가 한참 고민 중일 때 과제(퍼즐이라든지 레고라든지)를 어른이 휙 집어 들면 아이가 쌓아 온 사고 과정이 무너질 수도 있다. 방해받은 아이는 성향에 따라 불쾌해 할 수도, 흥미를 잃고 도전적이지 않은 놀이로 후퇴할 수도 있다. 한두 번 그런 모습을 목격한 뒤, 내가 김재인에게 가장 자주 하는 말 중 하나는 "재인아, 좀 도와줘도 될까?"가 되었다. 만약 아이가 대답을 하지 않는다면? 이미 깊은 고민에 빠져들었다는 뜻이므로 잠시 기다리며 '구조 요청'을 준비하면 될 것이다.

갈등을 스스로 해결하는
어린이들

2015년생은 43만 명이 넘게 태어난 마지막 해가 될 것 같다. 2016년생은 40만 명, 2017년생 35만 명, 2018년생은 32만 명으로 출생률이 급격하게 떨어지고 있다. 2000년생은 고교 신입생 기준으로 59만 명이었으니, 18년 만에 거의 반토막이 났다. 독자 여러분의 자녀는 2015년생 김재인보다 어릴 테니, 우리처럼 한 자녀 가정일 가능성이 높겠다.

외동딸을 키우다 보면 늘 사회성에 대한 걱정을 하게 된다. 형제는 가장 친한 사이인 동시에 가장 많이 싸우는 사이다. 어려서부터 2~3살 터울의 형제와 지지고 볶으며 사는 경험은 자연스럽게 또래와 사회생활을 하는 감각을 길러준다. 김재인은 어린이집에 일찍 다니며 동갑내기들과는 무난한 관계를 맺어 왔으나, 문제는 언니나 오빠들이었다.

한때 김재인이 동네 언니들과 놀고 싶은 욕구 때문에 물불 안 가리고 돌진한 적도 있었다. 아직 5살이었던 김재인은 두 살 터울 언니들과 수준 차이가 많이 났다. 언니들은 친절하게 김재인을 받아주거나, 퉁명스럽게 김재인을 밀어내거나 했다. 놀이터에서 초면인 언니들을 마주쳤을 때도 김재인은 어울리고 싶어 하는 기색을 풍겼으나 그 정도로 사회성이 충만한 언니를 만나는 건 드문 일이었다. 김재인은 대형 놀이터에서 만나 반나절 동안 재미있게 놀아주다가 홀연히 사라진 '인싸' 언니를 몇 달 뒤까지 기억했다.

갈등 상황이 벌어졌을 때, 아이들은 내 생각보다 훌륭한 해결 능력을 보여줬다. 놀이터 정글짐에서 9살 언니와 마주쳐 대치하는 상황이 벌어졌다. 언니는 한 수 위인 논리와 초등학생으로서 습득한 날카로운 말투로 김재인을 공격했고, 김재인은 어물거리면서도 반박하기 위해 노력했다. 옆에서 그 모습을 지켜보다가, 집으로 돌아오는 길에 아까 어떤 상황이었는지 물어봤다. 김재인은 "언니가 틀린 말 해서 내가 먼저 가는 길이라고 말해줬어. 언니가 잠깐 우기다가 서로 비켜가기로 했어."라고 말했다. 김재인의 목소리를 내 전자두뇌로 분석했을 때, 분한 감정이나 겁먹은 기색은 전혀 없었다. 초면에 말싸움을 한 두 여자아이가 각자의 합리적인 결론을 통해 갈등 해결에 성공한 것이다. 누군가와 싸우면 스트레스로 며칠씩 고생하는 나 같은 어른보다 아이들이 훨씬 나았다.

외동으로 크는 아이들은 저마다 다른 방법으로 사회성을 형성하고, 갈등이 벌어졌을 때 해결하는 요령을 찾아가고 있었다. 섣불리 개입하지 말고 일단 믿어줘야 한다는 건 이 상황에서도 통하는 진리였다.

키와 외모,
내버려 두세요

자기 아이의 타고난 특징에 만족하지 못하고, 심지어 겉으로 드러내는 부모들을 가끔 만난다. 특히 딸에게 '못생긴 사람'을 뜻하는 애칭, 이를테면 '감자'나 '호박'같은 별명을 붙이는 부모들이 종종 있다. '내 딸 못생겼다'라는 생각을 부모가 먼저 품고, 그걸 감추는 데 실패한다.

얼굴은 훗날 본인이 원하면 성형수술이라도 할 수 있지만, 키는 말 그대로 타고나는 것이다. 한국은 자녀의 키에 대한 걱정이 유독 극심한 나라다. 운동선수의 부모라면 이해할 만하다. 선수들은 덩치가 작으면 몸싸움에 불리하기 때문에 중학교 때부터 이에 대한 걱정을 많이 한다. 과거에는 키가 커야 한다며 운동을 아예 1년 정도 쉬는 유망주들도 많았다. 비교적 최근에는 한국 최고 유망주 중 한 명인 백승호가 키가 작다는 걱정이 공공연하게 보도됐다. 백승호는 성장판 검사 결과 키가 충분히 클 거라는 답을 받았다고 하는데, 실제로 182cm까지 성장했다. 어렸을 때의 백승호는 작은 체구로 재빨리 움직이는 공격자원이었던 반면, 성인이 된 뒤에는 경기 내내 몸싸움을 해야 하는 중앙 미드필더가 됐다. 걱정은 기우로 판명됐다.

선수가 아니라면, 우리 아이의 키가 조금 작다고 해서 억지로 키울 필요는 전혀 없거니와 그것이 가능하지도 않다. 의학적 기준을 보니, 검사가 필요할 정도로 작은 것으로 분류하는 키는 하위 3% 정도였다. 김재인은 지금 백분위로 45(100명이 있다면 작은 순서로 45등) 정도다. 약간 작은 편인데, 다시 말하면 보통이다. 문제는 김재인과 키가 비슷한 아이들의 부모들도 곧잘 키에 대한 걱정을 한다는 것이다.

이 챕터를 쓰기 전 내가 잘못된 지식을 갖고 있는지 확인하고자 학술자료와 과학 관련 기사를 뒤져봤다. 연구들은 대부분 키가 유전적 요인에 의해 결정된다는 결론을 내린다. 영양공급 개선의 효과는 이미 한계에 달한지 오래다. 한국 19세 남자의 평균 신장은 꾸준히 올라가는 추세였으나 2011년 최고를 기록한 뒤 정체되거나 오히려 미세하게 하락했다. 이는 한국인들의 영양 상태가 개선될수록 점점 평균 신장이 오르다가, 1992년생 즈음부터 '못 먹어서 안 크는' 아이가 거의 없어지면서 한계에 달했다고 해석된다.

영양공급이 적당한 아이라면 자신이 타고난 키만큼 성장할 가능성이 높다. 영양공급이 부족한 경우나 소아비만이 성장을 방해하는 경우 등 극단적인 사례를 제외한다면, 양극단 사이에 있는 대부분의 아이들은 타고난 만큼 크는 것이다. 통계를 통한 임상적 연구뿐 아니라 유전자를 해독하는 연구 역시 키를 결정하는 여러 유전자를 찾아냈다. 2017년 한 연구진이 성장을 저해하는 유전자를 찾아냈다는 기사가 있었는데, 이에 대한 유전적 치료가 개발될 경우 늘릴 수 있는 키는 고작 1~2cm로 예상된다. 150cm로 태어난 아이를 160cm로 만들 방법은 예나 지금이나 없다.

키가 유별나게 크거나 유별나게 작은 아이는 병원에 가서 상담하고, 필요시 검사를 거쳐 치료를 받으면 된다. 그 밖의 경우에는 부모가 불필요한 걱정을 하는 건 부정적인 결과만 낳는다. 이 챕터를 쓰면서 네이버에 '평균 신장'이라고 네 글자만 쳤는데, 검색 결과 상단에 '초등학생 평균 신장 미리 알아두고 대처해요'라는 글이 있었다. 뭘 대처한다는 걸까? 우리 아이가 평균 신장보다 3cm 작다면 그게 문제일까?

특히 여자아이는 키가 조금 작다는 이유로 성조숙증을 쉽게 의심하는 부모들이 뜻밖에 많다. 성조숙증이 요즘 늘어나는 추세라지만, 초경 시점이나 신체 변화를 근거로 걱정하는 것이 아니라 키가 좀 작다는 이유로 '우리 아이는 성조숙증 때문에 키가 안 클 거야'라고 걱정하는 건 지나치다. 아이에 대한 부정적인 인식을 갖고 대하면 은연중에 겉으로 드러날 수도 있고, 불필요한 클리닉 치료를 시키다 보면 아이에게 스트레스만 줄 뿐 아무런 효과를 보지 못할 위험이 크다.

대한민국 키 큰 남자의 대표 중 한 명이라고 할 수 있는 국가대표 골키퍼에게 장신이 된 비결을 물어본 적 있다. 일본 고베에서 김승규를 만나 팬들의 질문을 대신 전달했을 때였다. 어김없이 나온 게 '어떻게 하면 키가 크나요?'였다. 김승규는 간단하게 대답했다. "흰 우유 안 먹고 키 컸어요. 어렸을 때 우유 먹으면 어지러워서 아예 안 먹었어요. 키는 타고나는 것 같아요. 유전이죠. 누나도 172cm거든요." 아마 정답일 것이다.

미운 4살과
미운 7살

'눈에 넣어도 안 아픈 딸'이라는 관용구가 늘 맞는 건 아니다. 자기 자식이라고 매 순간 예쁘지는 않다. 아빠들과 이야기하다 보면 이런 표현을 흔히 들을 수 있다. "어제는 진짜 발로 찰 뻔했다.", "아, 주먹이 운다.", "그 조그만 게 어떻게 그런 사악한 말을 하지?"

이런 이야기를 하는 부모들은 대체로 30개월과 한국 나이 7세 언저리의 자녀가 있다. 아이들마다 편차는 있지만, 대체로 자아가 발달하는 시기이기 때문이다. 그래서 '미운 4살'과 '미운 7살'이라는 표현이

생겼다. 뇌과학 연구 결과 30개월 전후로 전두엽이 발달하면서 고도
의 정신활동이 시작된다고 한다. 또한 7살은 조상 대대로 내려오는 미
운 나이다. 7살 남자애들은 어찌나 기운이 넘치고 여자애들은 어찌나
예민한지, 7살을 대하는 법만 다루는 육아책이 따로 있을 정도다.

　내가 이 책을 쓰는 동안, 김재인이 딱 그 시기를 통과했다. 30개월 즈음 기획을 시작해 마무리할 즈음에는 7살을 바라보는 나이가 됐다. 김재인도 역시나 고집이 늘었다. 하고 싶은 게 많아졌고, 사소한 일이라도 자기 뜻대로 돌아가지 않으면 벌컥 짜증을 내기도 한다.

무엇보다 흥미로운 건 거짓말이 늘었다는 점이다. 부모와의 약속을 지키지 않으면 어떻게든 잘못을 덮으려 시도한다. 아직은 거짓말을 시작할 때 눈알 돌아가는 각도만 봐도 눈치챌 수 있을 정도로 귀여운 수준이다. 이 시기 아이들의 거짓말에 대해, 전문가들은 걱정할 필요 없다고 말한다. 거짓말을 할 수 있을 정도로 두뇌가 발달했다는 의미로 보면 된다. 우리 딸이 거짓말을 지어낼 수 있을 만큼 언어 능력을 갖춘 것이다. 또한 다가오는 처벌을 예상할 수 있을 정도로 인생 경험이 쌓였고, 사고력이 생겼다는 뜻이기도 하다.

'미운 7살'이 어떤 존재인지는 동네 언니들을 보면서 미리 알게 된다. 동네에서 만나는 7살 언니들이 내 딸에게 날카로운 말투로 이야기하는 걸 가끔 본다. 그때는 '못된 아이'라고 생각할 수 있지만, 내 딸이 7살이 되어 똑같은 행동을 한다면 그제야 발달의 한 과정이라는 걸 이해하게 될 것이다.

무엇보다 아이들은 태생적으로 떼를 쓰게 되어 있다는 걸 염두에

두고 접근할 필요가 있다. 영국 대안교육의 선구자 A. S. 닐은 '어린이

는 선하다'는 확신 아래 자유로운 교육을 지향했다. 그런데 섬머힐 학

교에서 오랫동안 아이들을 관찰하고 연구한 뒤 내린 결론은 "아이는

본성적으로 이기적이다. 늘 자기의 힘을 시험해 볼 길을 모색한다."라

는 것이었다. 이 결론이 닐의 '성선설'을 바꾸지는 않았다. 닐은 선한

성품이 발현되려면 시간이 필요하다고 했다. 우리 딸들은 7살 때부터

사춘기를 거치는 동안 '이기적인 게 당연한 시기'를 지나게 된다. 방

임하지도 실망하지도 않은 채, 아빠는 딸과 함께 그 과정을 헤쳐 나가
야 한다.

　김재인을 키우면서 그럭저럭 잘 해나가고 있다는 걸 느낄 때가 있
다. 가족 간의 애정이 깊어지는 게 피부로 전해질 때다. 김재인이 유아
기 시절의 애착 단계에서 서서히 벗어나 가족들에게 사랑을 품는 게
보인다. 그런 순간이 있으므로, 우리는 딸의 이기적인 행동에 타격을
받지 않고 너그럽게 이해할 수 있다.

에필로그①

딸을 키우는 건, 비로소 엄마를 조금 이해하는 것

육아 예능 프로그램을 보면, 아빠를 향해 간절함을 넘어 거의 끈적한 눈빛을 보내는 딸이 자주 나온다. 그건 방송용 과장이 아니라 진짜다. 대체로 아들은 엄마를 향해, 딸은 아빠를 향해 감당하기 힘들 정도의 애정을 쏴댄다. 김재인과의 애정은 연애 감정과 성격이 완전히 다르다. 동등한 존재로서 주고받는 애정이 아니라, 내가 없으면 무너질지도 모르는 위태로운 존재가 보내오는 정서적 생존 신호가 포함되기 때문이다. 김재인이 때로는 큰 배 옆에 묶여있는 뗏목처럼 느껴진다. 언제든 대양으로 휩쓸려나갈 수 있다는 두려움에, 큰 배에 찰싹 달라붙어 있는 뗏목.

이것은 새로운 가족관계의 체험이다. 나를 비롯한 많은 아들들은 어머니에게 애정을 드러낸 경험이 부족하다. 내 유년시절은 1990년대인데, 영화 〈벌새〉에 나온 것처럼(물론 이 영화는 여성들의 감정을 다루고 있다. 그러나 남성 청소년의 유년기를 유독 폭력과 결합해 묘사하곤 하는 한국 영화계를 감안하면, 나처럼 조용했던 소년들의 유년기는 〈바람〉보다 〈벌새〉에 더 가까운 면이 있다) 그때는 아직 가족관계가 화목하게 발달하기 전이었다. 물론 내 또래 중에서도 어려서나 지금이나 엄마에게 뽀뽀를 수시로 해대는 아들들이 있지만, 그렇게 화목한 집은 특이 케이스다.

나는 비로소 어머니를 이해할 수 있을 것 같다. 어머니의 집안은 이북에서 내려왔고, 어머니는 서울에서 자랐다. 아버지를 만난 뒤 충청도 농촌으로 삶의 터전을 옮겼다. 얼마 후 친정이 통째로 미국 이민을 떠나면서, 어머니는 한국에서 만날 혈육이 아예 없어져 버렸다. 충청도에서 새로 만든 가족이라고는 무뚝뚝한 아버지와 그를 닮은 두 아들뿐이었다. 언젠가 어머니는 내게 진지하게 물었다. "정용아, 신용이보다 조금 어린 여자애 한 명만 입양해 올까?" 그때 어머니의 말은 진담이었다. 그에게는 여자인 가족이 필요했던 것이다.

나는 어머니에게 살가운 애정표현을 해 본 적이 거의 없었다. 지금 돌아보면 무뚝뚝한 걸 넘어 거의 안드로이드가 아닌가 싶을 정도로

감정이 메마른 소년이었다. 심지어 동생이 학교 미술시간에 카네이션
을 접어왔을 때조차 '어떻게 저런 망측한 짓을'이라고 생각했다. 나도
카네이션을 만든 적은 있을 텐데, 부모님에게 달아드린 기억이 절대
없는 걸 보면 집에 오는 길에 버렸을지도 모른다. 그러던 내가 어머니
에게 연민을 느끼고, 어머니를 안아줄 수 있게 된 건 서른이 다 되어서
였다.

후회되는 장면들이 있다. 엄마는 자신의 어머니가 돌아가셨을 때
곁을 지키지 못했다. 나와 동생은 아버지에게 임종 소식을 전해 들었
는데, 어머니에게 제대로 된 위로를 해드린 기억이 없다. 심지어 어머
니는 우리 앞에서 슬픔을 터뜨리지도 못했다. 울음을 삼키는 엄마의
모습 같은 것이 기억나는데 이게 진짜 기억인지도 모르겠다. 김재인에
게 타인의 감정에 공감해야 한다는 걸 가르치다 보면, 그러지 못했던
아들로서의 내가 사무치도록 한심하다. 어머니의 그 시절 감정들이 어
땠는지 물어볼 수 있게 된 시점도 내가 딸을 키우기 시작한 뒤였다.

내 어머니에게 필요했던 건 자식과 감정 교류를 한다는 느낌이었
을 것이다. 김재인이 내게 하는 것처럼 나도 어머니에게 애정을 먼저
퍼부었다면 어머니가 충청도에서 보낸 시간은 좀 더 살만했을지도 모

른다. 어머니와 아들의 관계가 츤데레처럼 '나는 애정표현을 하지 않지만 당신의 애정표현은 받아주겠어'라는 식이어서는 곤란했으나, 나는 그랬다.

나는 종종 주위 여성들에게서 경고의 말을 듣는다. "너희 딸이 지금은 아빠밖에 없다고 하지만, 사춘기가 시작되면 너를 벌레 보듯 할 거야. 중학생 딸과는 아예 대화가 불가능할 수도 있어. 그 시기가 지난 뒤에는 다시 친해질 테니 잘 견뎌 봐." 그런 경험 역시 나 자신의 사춘기를 돌아보고, 내 부모님과의 관계를 진전시키는 계기가 될 수 있다. 사람은 좀처럼 변하지 않는 법이지만 딸은 아빠를 변화시킬 수 있는 큰 기회다. 이 기회를 거부하지 말고 변화를 받아들이시길 바란다.

에필로그②

맞벌이를 한다는
죄책감에 대하여

김재인은 어느 사람에게도, 어느 인형에게도 애착을 형성하지 않았
다. 갓난아기일 때부터 그 무엇에도 집착하지 않았다. 키우기는 편했
지만 이게 정상인가 싶어서 주위 전문가에게 물어보기도 했는데, 애
착의 강도와 시기는 아이마다 다르니 걱정 말라는 답을 들었다. 그래
도 불안했다. 주 보육자가 계속 바뀌는 게 아이의 정서에 어떤 영향을
미칠지 알 수 없다고 생각했기 때문이다.

아이들은 어린이집에 처음 갈 때 보호자와 떨어지는 게 두려워 난
리를 치곤 한다. 그래서 첫날은 딱 30분만 보호자와 떨어지는 연습을
하고, 이 시간을 보름에 걸쳐 차츰 늘려나간다. 김재인은 생후 18개월
에 일찍 어린이집을 다니기 시작했지만 적응 기간이 필요 없었다. 김

재인은 첫날부터 보호자가 있건 없건 장난감을 갖고 노느라 정신이 없었다(고 한다. 그날 어린이집에 갔던 건 장모님이었다). 천성일 수도 있다. 그러나 외할머니, 아버지, 어머니가 돌아가며 키우는 환경이 영향을 미쳤을 거라고 짐작한다.

상처 없이 자라는 모습을 보며 대견스럽기도 했지만, 동시에 불안했다. 아이에게 더 많은 시간을 쏟지 못하는 맞벌이 부모들이 흔히 갖게 되는 고민이다. 누구에게도 집착하지 않는다는 건, 거꾸로 말하면 누구와 있든지 완벽한 안정감을 느끼지 못한다는 뜻일 수도 있기 때문이다. 나와 아내는 별것 아닌 상황을 보며 "재인이가 좀 불안해 보이지 않니?"라는 말을 주고받곤 했다.

많은 육아법은 '보호자 한 명이 전담으로 아이를 키우는 상황'을 전제로 한다. 훈육을 할 때는 일관성이 가장 중요하다고들 한다. 하지만 우리 집은 일관성을 갖는 게 제일 어렵다. 김재인의 아빠, 엄마, 외할머니, 어린이집 선생님 사이에서 아무리 많은 공유가 이뤄져도 이들의 양육법이 모두 일치할 수는 없다. 특히 아빠와 외할머니의 세대차는 크다. 육아 관련 서적의 '일관성이 중요합니다'라는 문장은, 내 눈에 '너는 어차피 못 해'라는 문장으로 보이기도 했다.

고민의 시기를 거쳐, 나는 조금 예민해 보이는 김재인의 모습을 받아들이기로 했다. 아이를 인위적으로 불안하게 만드는 부모는 없다. 다만 약간 예민하고 불안정한 면이 있는 것이 반드시 나쁜 건 아니다. 어쩌면 그 불안정함이 삶에 에너지를 제공할지도 모르고, 김재인을 더 아름다운 영혼의 소유자로 만들어줄 수도, 더 감수성이 풍부한 사람으로 만들어줄 수도 있으니까.

내가 결론을 내리게 된 계기는 〈씨네 21〉의 한 기사였다. 미국의 영화 감독 하모니 코린을 다룬 옛 기사를 우연히 보게 됐다. 코린을 좋아하지 않고, 심지어 그의 영화도 본 적 없는 내게 한 문단이 유독 강렬하게 다가왔다.

'트로츠키주의자였던 코린의 부모는 뭔가 수상쩍은 일을 하면서 몇 달씩 아들을 생활공동체에 내버려 두고 사라지곤 했다. 그렇다고 불행했던 건 아니었다. 방치된 아이는 떠들썩한 감정 과잉의 공동체에서 충분히 즐거웠고, 돌아온 아버지와 함께 비디오테이프를 잔뜩 빌리거나 극장에 가서 종일 영화를 봤다.'

훗날 코린은 미국 인디영화계에서도 남다른 창의성을 지닌 예술가가 됐다. 전통적인 '양육자-피양육자' 관계가 거의 단절된 상태에서 자랐지만, 코린의 불안정함은 오히려 그의 삶에 자양분을 줬을 것이다.

요즘 나와 아내가 주고받는 이야기는 조금 바뀌었다. "완벽하게 안정되기만 한 아이보다, 조금 불안하더라도 예민한 감각이 있는 아이가 나을 수도 있어." 또한 그것이 재인이의 천성이라면, 그 예민함을 없애기 위해 메스를 들이댈 필요는 없을 것이다. 맞벌이는 부모의 원죄가 아니다.